Ninguém nasce homossexual – Torna-se!

Magna Aguilar

2022

Sumário

Introdução..05

A formação da psique do indivíduo..07

A importância da fase do édipo para o indivíduo..................................12

O desenvolvimento da formação psicossexual do indivíduo.........................3

O homossexualismo pode estar ligado a estrutura perversa segundo a psicanalise...39

Autoconhecimento uma janela de acesso até o inconsciente....................41

Identificação com o genitor do sexo oposto..43

Trauma sexual na Infância..49

Carência afetiva...53

Conclusão 56

Introdução

Eu Sou Magna Aguilar Psicóloga e Cristã e o meu objetivo com este livro é possibilitar a compreensão das crianças, adolescentes e adultos sobre o processo que leva a construção da identidade sexual de cada indivíduo e que por muitas vezes pode ser confusa e mal compreendida pelo próprio indivíduo, devido a um turbilhão de informações e de uma constante mutação da cultura que é consumida todos os dias de forma global, sem falar nos diferentes modos de famílias que se formam na nossa sociedade as chamadas Famílias contemporâneas que são:

Família Nuclear. A família nuclear é definida por dois adultos, homem e mulher, com filhos biológicos ou não

Família reconstituída ou recomposta, é aquela estrutura familiar originada do casamento ou união estável de um casal, na qual um ou ambos de seus membros têm um ou vários filhos de relações anteriores e surge então a chance de formação de uma nova família.

Família monoparental, é formada por um dos pais e seus descendentes, e pode surgir tanto da dissolução de uma entidade familiar bi parental com filhos, como de uma pessoa "celibata", ou seja, inicialmente sem filhos, que passa a ter filhos e viver com eles sem a presença do outro genitor

Família homo parental ou homoafetiva, Homo parentalidade é o fenômeno que envolve uma ou mais pessoas homo ou bissexuais, seja um pai ou uma mãe no singular ou um casal de pessoas do mesmo sexo.

Sabemos que é muito comum hoje em dia estes tipos diversos de perfil famíliares, mas é inevitável também descrever aqui os grandes impactos que este tipo de modelo familiar "Fora do padrão" já causou e continua causando na mente e no emocional dos indivíduos que nascem neste meio.

Deus instituiu a família formada por homem e mulher que se consagra através do matrimônio, que é à condição indispensável para gerar filhos. E a igreja reproduz este padrão até os dias de hoje, porque entende que está é a melhor forma para a construção de uma sociedade mais saudável, equilibrada emocionalmente e psicologicamente.

A Modernidade e o Iluminismo vão reforçar o ideal do amor romântico herdado da Idade Média. Deste modo, começa a se valorizar a família nuclear e o amor materno incondicional. Com as reivindicações sociais experimentadas durante todo o século XX, esta instituição sofrerá diversas mudanças.

Desde a quebra de tabu dos casais divorciados, passando pela discussão se casais do mesmo sexo podem adotar crianças, a família contemporânea se caracteriza pela multiplicidade de tipologias. De acordo com Freud, o complexo de Édipo tem um papel muito importante na fase fálica do desenvolvimento psicossexual. Para Freud, a conclusão bem resolvida desta etapa envolveria a identificação do menino com o pai, isto é, o menino deixar de rivalizar-se com o pai e passar a aceitar a impossibilidade do incesto, em resumo o pai tem a função de lei na vida da criança.

O complexo de Édipo de maneira simples define como os adultos vão agir diante da vida e de suas escolhas e suas formas de pensar sentir etc, que acontece a maior parte de forma inconsciente. Em outras palavras, ao analisar esse período vivido, é possível compreender as atitudes que são tomadas no dia a dia, tanto dos adolescentes quanto dos adultos. Em geral este livro vai falar um pouco como a construção desordenadas destas famílias estão interferindo de forma direta na identificação sexual dos indivíduos.

A formação da psique no indivíduo.

Há alguns séculos, estudiosos tentam decifrar os enigmas da psique humana. Para a Psicanálise de Freud por exemplo, a psique é complexa, seja pela divisão das suas instâncias em:

- consciente;
- pré-consciente;
- e inconsciente,

ou seja, pela subdivisão do inconsciente em:

- id;
- ego;
- e superego.

Além disso, há ainda as fases do desenvolvimento psicossexual, as quais passam do nascimento até a fase adulta, ou ainda pelo estudo dos mecanismos de defesa do ser. Portanto, vale lembrar que diversos estudos tentaram e tentam explicar essa questão de uma maneira mais eficaz para a sociedade e para o indivíduo.

Afinal, o funcionamento desta parte é muito importante para o ser, seja no contexto do seu, mundo interior ou no contexto do seu mundo exterior.

Índice de Conteúdos

- O desenvolvimento e a divisão da psique humana

  o Psicose – que se subdivide em esquizofrenia, autismo e paranoia

  o Neurose – que se divide em neurose obsessiva e histeria

  o Perversão – o mecanismo de defesa específico da perversão é a denegação.

- Minimizando os efeitos dos problemas da psique humana

- O renomado precursor da Psicanálise

  O desaparecimento de sintomas dos problemas da psique humana

O desenvolvimento e a divisão da psique humana

Muitos sabem que e na infância que se desenvolve a psique humana. Isso porque, ela sofre influência da família na formação da personalidade e também a ação do complexo de Édipo na estruturação da mente.

Neste período, as emoções e desejos reprimidos e censurados ficam guardadas no inconsciente humano, assim como as pulsões que não são tão acessíveis à consciência. Assim, elas afetam o comportamento e os sentimentos deste ser.

Já com relação às estruturas da psique humana, elas são divididas em três **grandes partes:**

- Psicose – que se subdivide em esquizofrenia, autismo e paranoia

O psicótico encontraria fora de si tudo que exclui de dentro. Nesse sentido, ele bota para fora os elementos que podem ser internos. O problema para essa pessoa está sempre no outro, no externo, mas nunca em si. Outra característica da psicose é que, diferente do que acontece com indivíduos com outras estruturas mentais, a própria pessoa revela, ainda que de forma distorcida, os seus sintomas e distúrbios.

- Neurose – que se divide em neurose obsessiva e histeria

O motivo do problema é mantido em segredo. E não só para os outros, mas para o próprio indivíduo que sente. O neurótico guarda dentro de si o problema externo. E é disso que se trata o recalque ou repressão.

Portanto, para que alguns conteúdos fiquem dessa forma, a neurose provoca na pessoa uma cisão da psique. Tudo o que é doloroso é recalcado e permanece obscuro, causando sofrimentos que a pessoa mal pode identificar, apenas sentir. Assim, por não poder identificá-los a pessoa passa a reclamar de outras coisas, de sintomas que sente (e não da causa).

- Perversão – o mecanismo de defesa específico da perversão é a denegação.

Freud coloca que muitos indivíduos que faziam análise com ele apresentavam fetiches como algo que os traria apenas prazer, algo até mesmo louvável. Essas pessoas nunca o procuravam para falar desse fetiche, ele aparecia apenas como uma descoberta subsidiária.

E é dessa forma que se dá a denegação: a recusa em reconhecer um fato, um problema, um sintoma, uma dor. E é bem na formação na infância baseada no complexo de Édipo, masculino e/ou feminino, que determina em qual estrutura psíquica a pessoa se encaixa. Sendo definida esta estrutura, não há mudanças ao longo da sua vida.

Minimizando os efeitos dos problemas da psique humana

Partindo deste contexto, é possível concluir que todos os seres possuem problemas na mente. A depender do grau deles e da quantidade de sofrimento causado pelos mesmos, é possível fazer sua classificação como patológicos ou não. Sendo assim, quanto maior o grau, maior seriam os sofrimentos e maiores os sintomas. Portanto, tudo isso levaria o ser a procurar um profissional que trata destes sintomas no caso homossexualidade pode ser um destes sintomas causados baseada na definição de sua estrutura desenvolvida na fase do édipo.

Focando neste campo e na tentativa de solucionar ou diminuir os efeitos destas estruturas da mente, a medicina evoluiu e desenvolveu diversas teorias e técnicas no campo neurológico. Dentre estas teorias se tem a Teoria da Personalidade ou a conhecida Psicanálise.

A psicanálise é um ramo que utiliza, de forma clínica, o conhecimento que vem da psicologia. Logo, ela é um campo clínico de investigação teórica da psique humana. Além de investigar o campo da mente, ela também investiga as funções intelectuais e emocionais do homem.

No começo da psicanálise, Freud buscou descobrir um tratamento efetivo para os pacientes com sintomas neuróticos ou histéricos.

Para tal, Freud se aliou a Charcot, adotando a sua técnica de hipnose, ou seja, a sugestão hipnótica, nos seus tratamentos clínicos. E também, a Josef Breuer, com o qual concluiu que o gatilho que acionava a histeria também poderia ser de origem psicológica. Além disso, ele buscou descobrir o que os pacientes não se lembravam deste evento.

O desaparecimento de sintomas dos problemas da psique humana

Logo, essa descoberta influenciou Freud com relação ao estudo do inconsciente. Portanto, a alteração do estado de consciência, a investigação entre as conexões, as condutas do paciente e a inter-regulação com o sintoma apresentado, aliados a sugestão do médico, iria possibilitar algumas coisas.

Como consequência de Charcot e Breuer, Freud adotou um novo tratamento para a neurose associado à hipnose para facilitar o acesso às lembranças que causam traumas. É possível saber da liberação de afetos e emoções ligadas aos acontecimentos e traumas do passado por meio de memórias das cenas vivenciadas. Portanto, isso fazia o sintoma desaparecer. A importância da fase do édipo para o desenvolvimento da formação psicossexual do indivíduo.

Todos os seres humanos devem a sua origem a um pai e a uma mãe. Para Freud, não haveria, assim, como escapar dessa triangulação (bebê – mãe – pai), a qual constitui o centro do conflito humano. Essa triangulação define a estrutura psíquica do sujeito. E ela não está presente apenas na infância do sujeito, mas em toda a sua vida.

A importância do complexo do édipo

O Complexo de Édipo é um conceito universal para a compreensão sobre o que é psicanálise. Um conceito que fala sobre sentimentos como o amor e o ódio, quando direcionados àqueles que mais nos são próximos, nossos pais. É também uma teoria sobre a maturidade psíquica: um sujeito só se torna psiquicamente autônomo quando supera a infantilização da fase de dependência a seus pais.

A fase fálica começa a trazer à criança várias proibições até então desconhecidas. É quando a criança começa a perceber que a sociedade lhe impõe regras, limites e costumes. A criança já não pode mais fazer o que quer (seu id não pode ser plenamente atendido), e a sua liberdade começa a ser cerceada, em função de uma vida social mais complexa, com novos agentes.

Nesse momento, a criança começa a identificar mais claramente as distinções entre si e os seus genitores. Sendo, portanto, uma das fases mais importantes do desenvolvimento, psicológico e sexual. Segundo Freud, os reflexos da idade edipiana poderão se refletir por toda a vida adulta do sujeito. Inclusive em sua vida sexual, sua realização profissional, sua maturidade psíquica, sua capacidade de se relacionar afetivamente com outras pessoas etc.

Para Freud, essas fases são de extrema importância para o desenvolvimento da personalidade. Passar por todas de maneira natural, respeitando-as, contribuirá para o desenvolvimento de um adulto psicologicamente saudável.

Fase oral – 0 meses a 1 ano

A primeira fase é representada pela boca, que seria uma zona erógena. Após o nascimento, esta é uma área que recebe muita atenção do bebê. Assim sendo, o ato da sucção e de se alimentar traz prazer para a criança. Por essa razão, ela está constantemente buscando estimulação oral.

Por conta dos cuidados que possui nessa fase, o bebê também descobre nela os sentimentos de conforto e proteção.

Fase anal do desenvolvimento psicossexual – 1 a 3 anos

A estimulação passa da boca para o ato de controlar necessidades fisiológicas na fase anal. No entanto, apesar de a fase ser chamada assim, o ato de controlar a micção também causa estimulação. Os sentimentos desenvolvidos são de independência, uma vez que a criança vai se tornando capaz de obter controle sobre aspectos corporais que não tinham antes.

Dessa forma, essa habilidade deve ser estimulada pelos pais, que precisam ter cuidado para não reprimir os erros. Assim, deve-se sempre focar nos acertos, nas vezes em que a criança se saiu bem. Essa é uma maneira positiva de reforçar a experiência.

Fase fálica do desenvolvimento psicossexual – 3 a 6 anos

Aqui as crianças começam a perceber as diferenças entre homem e mulher. Também é esta a fase em que se observa um outro aspecto da famosa teoria freudiana: o Complexo de Édipo.

De acordo com Freud, o menino começa a ter uma rivalidade com o pai nesta idade. assim, desejaria substituí-lo na relação com a mãe. Ao mesmo tempo, teme a punição no caso de o pai descobrir que ele está querendo substituí-lo.

No caso das meninas, Freud diz que há uma inveja do pênis, teoria tida como contraditória. Nessa fase, as meninas se sentiriam ressentidas por não terem um pênis. Assim sendo, sentiram-se "castradas" e ansiosas por não terem nascido como um homem.

Fase de latência do desenvolvimento psicossexual – 6 anos até puberdade

O foco desse período não são as zonas erógenas, mas sim o desenvolvimento social, criação de laços e convivência em sociedade. Assim, há uma repressão na energia sexual, que continua a existir, porém deixa de ser um foco.

Nesse contexto, ficar preso nessa fase pode fazer com que o adulto não saiba se relacionar de forma satisfatória com outras pessoas.

Fase genital do desenvolvimento psicossexual – Da puberdade até o fim da vida antes, os interesses eram pessoais. A criança não sentia necessidade de se relacionar sexualmente com outros. Nessa fase, surge a vontade de querer se relacionar sexualmente com outras pessoas. Assim, se o indivíduo passou por todas as fases de forma adequada, chegará na última sabendo ter equilíbrio em diversas áreas da vida.

O que significa dizer que uma pessoa está fixada em uma fase sexual?

Por vezes, em psicanálise costuma-se associar os problemas, transtornos ou dilemas das pessoas adultas a uma fase do desenvolvimento sexual infantilum adultos que fuma/bebe em excesso poderia estar fixado na fase oral, por ser uma fase do desenvolvimento em que a criança sente prazer na sucção;

um adulto muito controlador ou que tenha dificuldade em desapegar-se estaria fixado na fase anal, por ser uma fase em que a criança descobre que consegue reter as fezes e isso lhe possibilita prazer e descoberta do controle sobre o tempo e o seu corpo.

Pode ser que ocorra algum evento traumático ou uma sequência de fatos turbulentos em uma fase e isso "fixe" uma pessoa a essa fase. Porém, às vezes é complicado este apontamento, por serem memórias de uma idade que é de difícil recuperação (e de fácil "invenção"), ou por poder ser uma interpretação exagerada do analista.

Nada impede uma pessoa de demonstrar traços relacionados a mais de uma fase, por exemplo, uma pessoa pode ser fumante compulsiva e ser controladora ao mesmo tempo. A forma de compreender a fixação é diferente de um psicanalista para outro. Faz parte o analista buscar este tipo de contraponto, mas, no nosso ver, o mais interessante seria partir dos incômodos e relatos do analisando e evitar dizer para o analisando algo do tipo "você está preso à fase oral do desenvolvimento". Afinal, isso seria um rótulo um tanto pesado e possivelmente reducionista.

O analista pode trabalhar esses traços como sendo traços de personalidade e trabalhar isso com o analisando durante as sessões, sem necessariamente buscar um evento único ou uma série de eventos que se liguem a determinada fase.

Controvérsias

Se hoje falar de sexualidade na infância já assusta à tantas pessoas, imagina décadas atrás? Foi no final do século XIX que Freud divulgou seus estudos, contrapondo a visão da sociedade de que a criança é um ser "puro" e "inocente", totalmente assexuadas.

Portanto, fica evidente que Freud causou grande espanto. Contudo, conseguiu abrir espaço para desenvolver esse campo de estudo nos anos seguintes. Por ser o primeiro, alguns pontos foram contestados por outros pesquisadores. No entanto, o desenvolvimento de uma teoria por seguidores não é nenhuma surpresa. É um encaminhamento óbvio da ciência.

A inveja do pênis

O filósofo Foucault questionava as evidências nas quais outros filósofos se baseavam em suas teorias. Um desses questionamentos são aplicados a Freud. Assim, com base em que evidência ele poderia dizer que a inveja do pênis existe? Essa evidência seria real?

Esse filósofo questionava muito sobre a construção do saber e esse questionamento foi aplicado a Freud. Uma de suas perguntas a respeito tinha relação com a formulação da inveja do pênis. Não seria, na época, uma manutenção dos discursos de poder?

De acordo com o teórico, a verdade e o poder estão interligados. Assim, quem está no poder, detém a verdade e destrói evidências contrárias. Freud estava em um sistema social em que o poder era patriarcal.

Visto que a maioria dos estudiosos, profissionais, pesquisadores e políticos eram homens, as evidências de Freud não eram o suficiente para convencer todos os seus seguidores e sucessores.

Conceitos de masculino e feminino

A semiótica é uma ciência que também nos faz questionar sobre a construção do que é masculino e feminino. A sociedade está se desenvolvendo há muitos anos, e, com ela, conceitos foram formulados do que significa masculinidade e feminilidade.

De acordo com Freud, em uma das fases o indivíduo começa a desenvolver sua identidade sexual, expressando traços de feminilidade ou masculinidade. Contudo, até que ponto isso é instintivo do ser humano? E até que ponto as crianças estão reproduzindo os significados que aprenderam sobre masculinidade e feminilidade?

Ao nascer, o sexo biológico já determina um conjunto de significados. A começar pela cor, que diferencia o gênero do bebê. As brincadeiras também são determinantes para ensinar esses conceitos. Por isso, muitos questionaram esse aspecto, já que não se pode dizer que essa expressão de masculinidade e feminilidade é algo natural e intrínseco. Existe interferência social.

Sexualidade humana

Muito se fala sobre esse tema e a preocupação dos pais com "conteúdos impróprios" para suas crianças. Porém, sexualidade é algo impossível de desvincular de nossa vida. A energia sexual, chamada de libido, é uma força motora para todos os seres humanos.

Ela está conectada com um instinto básico, que é o de reprodução e propagação da espécie. Assim como a fome que nos faz ter necessidade de comer, ou como o nosso estado de alerta em situação de perigo, a energia sexual está presente no nosso dia.

Através dela, decidimos o que vestir, como comer, nos motivamos a cuidar da aparência, nos comunicamos com outras pessoas e muito mais. Dessa forma, é preciso ter em mente que falar de energia sexual não é, necessariamente, falar do ato sexual ou até mesmo de atração sexual consciente.

Fixação

Segundo Freud, quando a criança passa por uma das fases e possui questões não resolvidas, ela desenvolve uma fixação. Assim sendo, pode acabar sofrendo por um problema de personalidade.

Na primeira fase, por exemplo, se a criança continua sendo amamentada quando deveria estar aprendendo a se tornar mais independente na segunda fase, alguns problemas podem decorrer. Nesse contexto, ela pode se tornar uma adulta dependente. Por outro lado, também pode desenvolver vícios relacionados a bebida, fumo e comida.

A fixação é algo que pode persistir na vida adulta. Assim, se não for resolvida, continuará "travada" em alguns aspectos. Um exemplo claro é o das mulheres, que muitas vezes têm relações sexuais sem conseguir atingir orgasmos.

Nesse contexto, fica claro que se crianças em geral são consideradas assexuadas, as meninas são mais ainda. Certos comportamentos aceitáveis para meninos são condenáveis em grau maior para meninas. Não é a toa que muitas se sentem tão reprimidas que são adultas com problemas de relacionamento. Trata-se de um problema social que atinge o psicológico e a vida íntima de milhares de mulheres.

A importância da educação sexual

Existem certas coisas que crianças não estão preparadas para saber. No entanto, de acordo com a Psicanálise, há também fases que devem ser respeitadas. Assim, as crianças deveriam aprender sobre o mundo conforme as fases em que estão.

Nesse contexto, vale lembrar que educação sexual ajuda a criança a formar uma personalidade saudável. Dessa forma, poderá lidar bem com seu próprio corpo e com as outras pessoas também. Assim, ensina que certos lugares precisam de limites e não podem ser tocados por estranhos.

Agindo desta maneira, é possível estimular a criança a se desenvolver de forma saudável e até mesmo garantir que ela se livre de situações abusivas.

Vemos, portanto, que educar uma criança sexualmente não significa que ela aprendeu o que é sexo. Ao transitar de uma fase para a outra, ela, por conta própria, descobrirá o que é uma sensação boa ou não. Reprimir essa descoberta pode causar problemas de segurança e autoconfiança, por exemplo. Em casos graves, até mesmo transtornos mentais.

Assim sendo, é importante ressaltar a importância de que pais, professores e pessoas próximas à criança tenham noção do que está acontecendo com ela. Isso, no entanto, só pode ser feito a partir de uma profissionalização em Psicanálise.

Caso você não tenha tempo para investir em um curso presencial, matricule-se em nosso curso EAD de Psicanálise Clínica! Nele você aprenderá sobre o desenvolvimento psicossexual e muitos outros tópicos interessantes. Uma das vantagens de obter esse conhecimento é que você pode aplicá-lo tanto a nível pessoal como profissional. Assim, não deixe de conferir nossos conteúdos!

O superego é herdeiro do Complexo de Édipo

Conforme ocorra a superação bem resolvida do complexo de Édipo, vai se estruturando o superego. Atua como uma autoridade moral internalizada pela pessoa. Por isso, este momento de superação é, para Freud, essencial ao desenvolvimento psicossexual do indivíduo.

Diz-se que o superego é o herdeiro do Complexo de Édipo, afinal:

• a função paterna como detentora da moral se impõe sobre a criança, que deve aceitar a impossibilidade de derrotar o pai, identificando-se como este;

isso se dá na forma de uma introjeção psíquica no superego: e a criança, por um processo metonímico, passa a aceitar também a existência de uma moral social.

No livro Mal Estar na Civilização, Freud sugere que o mito de Édipo está na base não só do indivíduo, mas também na base da cultura. A escola, a religião, a moral, a família, o poder de polícia, os ideais de normalidade, as leis são alguns exemplos de construções sociais que buscam impor aos mais novos as regras que vão preservar o status quo das gerações anteriores.

Assim como o pai faz em relação ao filho, a sociedade criaria a cultura (sinônimo de civilização, em Freud) e todos os seus aparelhos em razão do temor de que os jovens (os "filhos") ataquem as regras de funcionamento que já organizam esta sociedade.

O tabu do incesto

A expressão "incesto" pode parecer muito forte à nossa moral adulta. Podemos pensar que isso é incabível à concepção de uma criança.

Mas devemos lembrar que, possivelmente,

• o tabu do incesto só é forte no mundo adulto porque, quando crianças, o introjetamos, ainda que não nos recordemos disso;

• a psique do bebê não nasce pronta: é até lógico supormos que este amontoado de pulsões destine seus primeiros afetos pulsionais em direção à mãe, primeiro porque não se distingue dela;

- o bebê nasce apenas com o id (apenas pulsões e um instinto em buscar satisfação), sendo que só depois desenvolverá o ego (para se diferenciar do resto) e o superego (para introjetar a moral);

- a maior parte do tempo, a criança convive com sua mãe e seu pai: é de se supor que se direcionem a estas pessoas seus afetos de amor e ódio.

Complexo de Édipo bem e mal resolvido

Diz-se que há um Édipo mal resolvido quando uma pessoa em idade adulta apresenta sinais que deem a entender que ela não superou adequadamente o Complexo de Édipo na passagem da infância para a adolescência.

Significa que a pessoa ainda apresenta sinais:

- de estar ainda vivendo o Complexo de Édipo, ou

- de querer reviver aquela época em que tinha desejo pela mãe (ou pelo pai) e rivalizava com o pai (ou com a mãe).

Por outro lado, diz-se que o Complexo de Édipo foi bem resolvido quando, nesta passagem da infância/adolescência, a pessoa aceita a impossibilidade do incesto com a mãe (ou o pai) e a impossibilidade de continuar odiando ferozmente o pai (ou a mãe). A partir desta aceitação, passa a focar seus afetos e energia libidinal em outras pessoas e coisas. É de certa forma normal haver um distanciamento em relação aos pais, tão comum a partir do início da adolescência.

O Complexo de Castração

Quando Freud elaborou a ideia de um Complexo Edipiano, imaginou essencialmente a referência aos meninos. Depois, especialmente no texto "A dissolução do Complexo de Édipo" (1924), propôs algumas diferenças entre meninos e meninas na questão edipiana.

Freud considerava que o primeiro afeto de uma criança (menino ou menina) é sempre pela mãe. Isso porque a criança está em seu começo de diferenciação e desenvolvimento. É natural que o amor se volte para a pessoa com quem a criança mais teve contato.

A diferenciação entre meninos e meninas aconteceria num segundo momento do Édipo, como explicaremos a seguir.

Basicamente, a menina pode passar a ter afeto pelo pai e rivalidade com a mãe, que é vista como sua concorrente além do mais

O temor da castração, que nos meninos representa o medo de perder o pênisna menina pode ser entendido como a castração já realizada (falta do pênis).

Freud até supõe que o complexo de castração seja universal: no menino, o temor; na menina, a castração imaginariamente já realizada. Mas poderia também ser remetido a outros símbolos típicos de temores (vide trecho abaixo, explicando isso).

No verbete "Complexo de Castração ", do Vocabulário de Psicanálise de Laplanche & Pontalis, há formas mais amplas de ver a questão:

"... a fantasia de castração é encontrada sob diversos símbolos:

- o objeto ameaçado pode ser deslocado (cegueira de Édipo, arrancar dos dentes, etc.),

- o ato pode ser deformado, substituído por outros danos à integridade corporal (acidente, sífilis, operação cirúrgica), e mesmo à integridade psíquica (loucura como consequência da masturbação),

- o agente paterno pode encontrar os substitutos mais diversos (animais de angústia dos fóbicos).

O complexo de castração é igualmente reconhecido em toda a extensão dos seus efeitos clínicos: inveja do pênis, tabu da virgindade, sentimento de inferioridade, etc.; as suas modalidades são descobertas no conjunto das estruturas psicopatológicas, em particular nas perversões..."

Obviamente o complexo de castração não é literal apenas no sentido da perda do pênis. Pode ser deslocado, deformado ou substituído para outros temores. E até mesmo o agente castrador pode não ser (na cabeça da criança) apenas o pai, pode ser outra pessoa ou objetos fóbicos.

Não é uma castração no sentido literal. Inclusive, até mesmo o temor da castração pode não ser literal, pois pode ocorrer de diferentes formas em diferentes pessoas.

Costuma-se entender em psicanálise a castração como uma alegoria das interdições. Assim, quando um paciente diz que teve uma "família castradora", possivelmente esteja querendo dizer que a família impôs regras rígidas demais e um pensamento baseado em regras dogmáticas e autoritárias.

A diferença do Édipo em meninos e meninas

Em termos de afeições e rivalidades com pai/mãe e a fase de maior autonomia e do superego que deve vir com a resolução (dissolução ou encerramento) do Complexo de Édipo, entende-se que o fenômeno ocorre tanto com meninos e meninas.

O que pode variar é com quem o menino se identifica (mãe ou pai) e com quem rivaliza. Da mesma forma, com a menina, que pode se identificar mais com o pai e rivalizar com a mãe.

Embora seja o chamado "padrão":

e
- a atração da criança pelo(a) pai/mãe de sexo oposto

- a rivalização com o(a) pai/mãe de mesmo sexo,

é possível também haver uma atração do menino para com o pai e uma rivalidade para com a mãe. E, na menina, uma atração pela mãe e uma rivalidade com o pai.

Em termos da psique humana e da complexidade das relações afetivo-familiares, entende-se hoje que é temerário arriscar uma universalização. Há que se olhar para cada história.

Ainda assim e mesmo com críticas ou adaptações ao modelo edipiano original, é possível ao analista: olhar para cada realidade familiar e de formação da criança, e entender que existam as atrações e rivalidades sugeridas pelo Complexo de Édipo. Tanto para meninas quanto para meninos, e ver como o Édipo pode ter ocorrido em cada caso, de maneira a marcar a formação da personalidade até a vida adulta.

Alguns autores seguem uma linha do psicanalista Carl Gustav Jung, no sentido de denominar esta fase análoga ao Complexo de Édipo para as meninas como Complexo de Electra. Freud, por sua vez, preferiu denominar apenas como Complexo de Édipo e, em alguns ajustes, diferenciar sua manifestação e sua resolução entre meninos e meninas.

As funções de pai e de mãe no Complexo de Édipo

É importante entendermos:

A função de mãe: que pode ser sintetizada com as ideias de proteção e amor, um ideal de volta ao passado e de possibilidade de realização dos desejos do Id, de quando a criança tinha a proteção uterina e a atenção integral da mãe (na verdade, quando a criança se confundia com a mãe);

A função de pai: que seriam os limites impostos pelo dever, um ideal de caminhar para o futuro e de independência, que pode impor o receio ou angústia ao novo para a criança, razão para a criança nutrir ainda maior animosidade em relação ao pai.

Estas funções independem se de fato há uma mãe e um pai como casal. A função de afeto e a função de dever podem ser desempenhadas por outras pessoas e outras composições familiares, por pais adotivos, por famílias complexas (em que avôs/tios etc. convivem no mesmo ambiente) e até mesmo uma mãe ou um pai sozinho, mas nada será tão efetivo nesta fase do édipo como a família nuclear que desenvolver seu papel de forma correta.

Para além do Édipo e outros modelos familiares

Passado mais de um século desde a elaboração freudiana, é fato que o Complexo de Édipo permanece como parte da compreensão do desenvolvimento psicossexual infantil e como parte da compreensão das regras impostas pela vida em sociedade.

Também houve críticas e complementações acerca da teoria freudiana (dentro da psicanálise, da psicologia, da filosofia, da pedagogia e da sociologia), especialmente quanto aos riscos da universalização da teoria freudiana, aos outros formatos de família e ao desenvolvimento de bebês do sexo feminino.

Mesmo os psicanalistas que buscam atualizar a obra freudiana precisam oferecer em seu lugar, assim como Freud o fez, uma teoria sobre:

• Como a psique humana se forma e se diferencia / desapega da mãe etc.?

• Como ocorre a passagem da criança em direção à autonomia?

• Quais os momentos e eventos de passagem em direção à maturidade psíquica?

- Quais os reflexos na vida adulta dos eventos (ou sua falta) necessários a esta transição psíquica?

No Livro "Édipo: o complexo do qual nenhuma criança escapa", o psicanalista J. D. Nasio amplia a triangulação do Complexo de Édipo para situações em que a mãe não mora com o pai. De certa forma, a mesma ideia de Nasio poderia ser aplicada a quaisquer modelos de família:

"Pergunta: como se dá o Édipo quando a mãe vive sozinha com o filho?

Resposta: Plenamente, sob a condição de que a mãe seja desejante. Pouco importa que a mãe viva sozinha, o que conta é que seja apegada a alguém, que deseje alguém; e, no caso de não ter nenhum parceiro amoroso, o que conta é que seja interessada por outra coisa que não o filho, que o amor pelo filho não seja o único amor de sua vida. Em suma, há o Édipo a partir do momento em que a mãe deseja um terceiro entre ela e o filho. Eis o pai! O pai é o terceiro que a mãe deseja."

Como se Resolve o Complexo de Édipo?

A forma de resolver o Édipo também pode ser diferente em meninos e meninas. Em ambos, resolver (ou superar) significa a saída do Édipo: isso passa por aceitar a impossibilidade de incesto, introjetar esta norma moral e destinar o afeto de amor/ódio para outros objetos.

Complementando estes pontos em comum, Freud propões especificidades:

• No menino: aceitar a impossibilidade do incesto com a mãe, superar a rivalidade com o pai e introjetar o pai como um símbolo de referência moral.

• Na menina: aceitar a impossibilidade do incesto com o pai, superar a rivalidade com a mãe e canalizar sua energia para um afeto substituto, em especial a maternidade.

Para resolver esta fase edipiana, é necessário desenvolver uma identidade saudável e mais autônoma. A criança deve:

• identificar-se com o genitor do mesmo sexo (o menino com o pai, a menina com a mãe) e

• deixar de desejar o genitor de sexo oposto.

Assim, a criança resolve o conflito incestuoso e característico do Complexo de Édipo.

A demanda colocada aos pais na educação psicológica da criança é permitir que a criança se autonomize e deixe de colocar seu afeto (amor e animosidade) apenas em relação ao núcleo familiar.

Para isso, a criança (e, depois, o adolescente) buscará outros ideais e objetos, como brinquedos, amigos, professores, super-heróis, artistas etc. E, por vezes, até mesmo rejeitará a atenção dos pais. Isso é comum como a diferenciação necessária à autonomia.

De acordo com Freud, essa fase edipiana envolve o id e o ego da seguinte forma:

1. O primitivo id quer eliminar o pai, e o ego, realista, sabe que o pai é muito mais forte.

2. É quando surge a angústia de castração no menino, que teme que o pai mais forte se imponha contra ele.

3. Ao descobrir as diferenças físicas entre o homem e a mulher, a criança acha que o pênis do sexo feminino foi removido.

4. Com isso, o menino também acha que o seu pai irá castrá-lo por desejar a sua mãe: é o chamado Complexo de Castração.

5. Para resolver esse conflito, o filho deve ceder e se identificar com o pai. Isto é, aceitar o pai, manter uma relação com o pai e elaborar um apreço à figura paterna. Afinal, se o filho desafiar o pai, estará numa posição vulnerável depois.

6. Ao mesmo tempo, o filho deve abdicar-se do incesto com a mãe (você, psicanalista, não interprete isso pela via moralista, pense que esta atração da criança é pulsional e ainda é confuso para a sexualidade e a personalidade em formação).

Basicamente, para superar o complexo de Édipo e seguir em frente, o filho deverá aceitar a supremacia do pai e a impossibilidade de ter o amor conjugal pleno com sua mãe. Assim, o "eu" estará livre para se fixar a outros objetos de amor. Isto é, realizar-se com outra pessoa, ter uma profissão, assumir um papel de responsabilidade pessoal, familiar e social.

Diz-se que houve um complexo de Édipo mal resolvido quando a criança não consegue fazer esta passagem de afeto, mantendo-se infantilizada na idade adulta, insegura em relação a ambientes e pessoas, incapaz de assumir responsabilidades, presa ao afeto/proteção da mãe e à rivalidade com o pai, não conseguindo tomar decisões sozinha, projetando em outras pessoas o papel de pai/mãe.

Sinais no adulto de um Édipo bem ou mal resolvido

Por esta visão de J. D. Nasio, o complexo de Édipo seria universal, isto é, todas as crianças passariam por ele, independentemente do modelo familiar. Bastaria o desejo que a mãe tenha por outra pessoa (ou até mesmo "coisa", como o trabalho etc.) e que isso seja visto pela criança como "roubando-lhe" a mãe.

Neste sentido, o Complexo de Édipo bem resolvido não dependeria do formato familiar, mas sim ocorreria quando a criança (até provavelmente perto da adolescência) conseguisse:

- ir se desprendendo deste desejo pela mãe e do desejo que a mãe lhe deseje e lhe seja exclusiva; e

- deixar de conflitar ou rivalizar com o pai (ou quem ocupe este lugar, no ponto de vista da criança),

- de forma que a criança passe a destinar seu afeto a outras pessoas, coisas, sonhos profissionais etc., com maior autonomia.

Do lado oposto, um Complexo de Édipo mal resolvido seria quando a criança não se desapega do desejo pela mãe e não consegue deixar de conflitar com seu pai. Normalmente, isso reflete-se em condições diversas inclusive na idade adulta, como:

- a incapacidade de se relacionar de maneira saudável com outra pessoa,

- autoestima frágil ou baixa,

- incapacidade de assunção de responsabilidades e relacionamentos,

- elevado grau de dependência em relação a outras pessoas,

- comportamento infantilizado e assunção de conceitos infantis,

- projeção das funções de pai/mãe em outras pessoas,

- revivência da condição de filho(a) no relacionamento com outras pessoas,

- angústia ou ansiedade em circunstâncias em que sente perder o ideal de "escudo protetivo" que trazia da infância,

- superproteção aos próprios filhos, como forma de reviver a dependência emocional do seu Édipo.

Centralidade e Universalidade no complexo de Édipo

Na psicanálise, fala-se sobre:

- a centralidade do Édipo: este complexo como sendo um fator central para entendimento da psicanálise e da psique humana;

- a universalidade do Édipo: este complexo como sendo um fator universal, isto é, aplicável a todas as crianças.

O caráter universal do complexo de Édipo seria um ponto polêmico. A defesa deste ponto de vista decorre de uma razão biológica no desenvolvimento psíquico humano. Ademais, toda criança ampara-se no relacionamento com adultos, por mais falhos que este seja.

Por outro lado, o aspecto cultural seria responsável por diferentes manifestações desta interação. Uma forma de conceber um entendimento a respeito é pensar que o biológico e o amparo do(s) adulto(s) contribuem com o caráter universal do Édipo, enquanto as diferentes culturas, orientações, interações com os adultos e as diferentes personalidades determinariam o aspecto cultural ou idiossincrático do Édipo.

Ainda quem rejeite o complexo de Édipo, reconhece haver elementos edipianos aplicáveis. É parte da reflexão de Édipo que um psicanalista, psicólogo, pedagogo ou filósofo deve responder: como se dá a passagem da criança/adolescente para a autonomia? Deixar de rivalizar com o pai é parte disso? Dá-se por temor? Coincide com o momento da vida em que a criança percebe as interdições? Como o Édipo se vincula à perda e posterior destino a outros afetos? E quando não há determinado desenvolvimento, isso afeta a forma de ser e conviver do adulto?

Enfim, são questões que na psicanálise/psicologia praticamente se inauguraram com Freud e que outros psicanalistas e pensadores de diversas áreas se debruçariam depois. Questões que

Como a psicanálise trata o Édipo mal resolvido em adultos?

Observe que alguns dos "sintomas" enumerados acima podem ter outras razões. É a combinação de alguns destes fatores que permitem-nos suspeitar de um Édipo mal resolvido. Entendemos que não seja possível nem relevante rotular alguém como tendo um complexo de Édipo mal resolvido.

O psicanalista experiente em clínica buscará outro caminho: naturalmente, reflexões sobre a convivência com o pai ou a mãe (ou a falta desta convivência) surgirão na livre associação que o analisando (paciente) fará. Caberá ao psicanalista propor elaborações a respeito destes vínculos e as reverberações em fase adulta, isso de forma qualitativa.

Na medida em que estas temáticas e estes "sintomas" sejam repetitivos, o analista poderá ir firmando sua tese da questão edípica, mas ainda assim pronunciar ao analisando que ele é um caso de Édipo mal resolvido parece pouco proveitoso. O importante será avançar a terapia em favor de um melhor bem-estar que o fortalecimento do ego pode propiciar.

Mesmo na idade adulta, é possível buscar esta resolução do Édipo. A nosso ver, embora não seja mais possível "voltar no tempo" e mudar as relações com pai/mãe, é possível ao adulto buscar o fortalecimento do ego, em terapia psicanalítica:

- compreendendo melhor a si e seus processos mentais,

- superando ou minimizando os mecanismos de defesa do ego (como a projeção),

- lidando melhor com as demandas da realidade externa e
- melhorando a qualidade de suas relações interpessoais.

Casais com grandes diferenças de idade são sinais de Édipo mal resolvido?

Uma pessoa que busque se relacionar com um(a) parceiro(a) mais velho(a):

- Seria sinal de um Édipo que foi mal resolvido e que permanece na idade adulta?
- Seria indício de buscar reconstruir a relação afetiva edipiana, com um substituto para o pai ou para a mãe?

Entendemos que existe esta possibilidade, mas a generalização é muito perigosa.

Quão mais velho precisaria ser o parceiro para que haja esta conclusão? Três anos, 10 anos, 20 anos, 30 anos? Entendemos que é muito relativo, não é possível alcançar uma determinação exata. Seria preciso conhecer melhor cada caso. Cada psique é única em sua constituição.

Talvez um comportamento infantilizado e uma dependência emocional exagerada em relação ao parceiro poderiam ser elementos um pouco mais fortes de um Édipo mal resolvido do que uma questão apenas de constatação de diferença de idade.

Se disséssemos o contrário, seríamos levianos. Bastaria UM exemplo de um casal em que a pessoa mais jovem apresenta mais maturidade e um ego mais fortalecido, e a pessoa mais velha seria mais imatura e com outros indícios de um Édipo mal resolvido para derrubar por terra a tese da diferença de idade nos relacionamentos como sendo um fator edipiano.

abrem a quem recusa o Édipo e que, no lugar, precisa pensar esta transição.

Todas as ideias da psicanálise podem ser questionadas (obviamente isso demanda uma porção de leitura), a questão a nosso ver é buscar entender a ideia inicial e pensar articulações de como isso pode ser refutado, ampliado ou confirmado.

A atualidade do Complexo de Édipo

Para alguns psicanalistas como Donald Winnicott, o Édipo não é tão central no desenvolvimento psíquico. Na verdade, Winnicott parte da ideia edipiana de Freud, mas imagina que este aspecto de identificação / diferenciação em relação especialmente à mãe ocorra mais cedo na vida do bebê e não necessariamente tenha uma relação direta com períodos bem marcados de fases de desenvolvimento psicossexual.

Não há que se tomar o Complexo de Édipo necessariamente como uma relação literal. Há que se pensar o desejo pela mãe (ou pelo pai) não só como sexual, mas por todo o caráter simbólico e protetivo que representa.

Existem nuances, a depender de cada unidade familiar. Daí se discuta hoje se o Édipo seria de fato universal (isto é, aplicável a todas as crianças). Na visão de J. D. Nasio, sim.

Podemos pensar em funções paterna/materna, em vez de figuras estanques. Podemos pensar quais pessoas representam para a criança as ideias de amor/proteção e de animosidade/independência. E também pensar que, embora haja uma preponderância de sentimentos em relação a cada um dos pais, a criança não vê o pai/mãe apenas como adversário ou apenas como afeto.

Nas fases fálica/latência que coincide com a temática edipiana, costuma-se também despontar até mesmo uma orientação para a sexualidade, conforme o menino / a menina se sinta mais envolvidos por sua mãe / seu pai.

O afeto que a criança tem pelo pai não é somente hostilidade, nem pela mãe é somente amor. Podemos pensar talvez numa supremacia de um ou de outro sentimento para com cada progenitor. Mas há que se considerar a ocorrência de ambos os sentimentos antagônicos direcionados a uma mesma pessoa, o que em psicanálise se chama de ambivalência.

Além disso, há que se pensar a relação do Complexo no desenvolvimento diferente de meninos e meninas e também nos diferentes modelos familiares (mãe sozinha, pai sozinho, duas mães, dois pais, adoção tardia, criação por avós etc.).

O desenvolvimento da formação psicossexual do indivíduo.

Para Freud, essas fases são de extrema importância para o desenvolvimento da personalidade. Passar por todas de maneira natural, respeitando-as, contribuirá para o desenvolvimento de um adulto psicologicamente saudável.

Fase oral – 0 meses a 1 ano

A primeira fase é representada pela boca, que seria uma zona erógena. Após o nascimento, esta é uma área que recebe muita atenção do bebê. Assim sendo, o ato da sucção e de se alimentar traz prazer para a criança. Por essa razão, ela está constantemente buscando estimulação oral.

Por conta dos cuidados que possui nessa fase, o bebê também descobre nela os sentimentos de conforto e proteção.

Fase anal do desenvolvimento psicossexual – 1 a 3 anos

A estimulação passa da boca para o ato de controlar necessidades fisiológicas na fase anal. No entanto, apesar de a fase ser chamada assim, o ato de controlar a micção também causa estimulação. Os sentimentos desenvolvidos são de independência, uma vez que a criança vai se tornando capaz de obter controle sobre aspectos corporais que não tinham antes.

Dessa forma, essa habilidade deve ser estimulada pelos pais, que precisam ter cuidado para não reprimir os erros. Assim, deve-se sempre focar nos acertos, nas vezes em que a criança se saiu bem. Essa é uma maneira positiva de reforçar a experiência.

Fase fálica do desenvolvimento psicossexual – 3 a 6 anos

Aqui as crianças começam a perceber as diferenças entre homem e mulher. Também é esta a fase em que se observa um outro aspecto da famosa teoria freudiana: o Complexo de Édipo.

De acordo com Freud, o menino começa a ter uma rivalidade com o pai nesta idade. assim, desejaria substituí-lo na relação com a mãe. Ao mesmo tempo, teme a punição no caso de o pai descobrir que ele está querendo substituí-lo.

No caso das meninas, Freud diz que há uma inveja do pênis, teoria tida como contraditória. Nessa fase, as meninas se sentiriam ressentidas por não terem um pênis. Assim sendo, sentiram-se "castradas" e ansiosas por não terem nascido como um homem.

Fase de latência do desenvolvimento psicossexual – 6 anos até puberdade

O foco desse período não são as zonas erógenas, mas sim o desenvolvimento social, criação de laços e convivência em sociedade. Assim, há uma repressão na energia sexual, que continua a existir, porém deixa de ser um foco.

Nesse contexto, ficar preso nessa fase pode fazer com que o adulto não saiba se relacionar de forma satisfatória com outras pessoas.

Fase genital do desenvolvimento psicossexual – Da puberdade até o fim da vida antes, os interesses eram pessoais. A criança não sentia necessidade de se relacionar sexualmente com outros. Nessa fase, surge a vontade de querer se relacionar sexualmente com outras pessoas. Assim, se o indivíduo passou por todas as fases de forma adequada, chegará na última sabendo ter equilíbrio em diversas áreas da vida.

O que significa dizer que uma pessoa está fixada em uma fase sexual?

Por vezes, em psicanálise costuma-se associar os problemas, transtornos ou dilemas das pessoas adultas a uma fase do desenvolvimento sexual infantil.

Por exemplo:

um adulto que fuma/bebe em excesso poderia estar fixado na fase oral, por ser uma fase do desenvolvimento em que a criança sente prazer na sucção;

um adulto muito controlador ou que tenha dificuldade em desapegar-se estaria fixado na fase anal, por ser uma fase em que a criança descobre que consegue reter as fezes e isso lhe possibilita prazer e descoberta do controle sobre o tempo e o seu corpo.

Pode ser que ocorra algum evento traumático ou uma sequência de fatos turbulentos em uma fase e isso "fixe" uma pessoa a essa fase. Porém, às vezes é complicado este apontamento, por serem memórias de uma idade que é de difícil recuperação (e de fácil "invenção"), ou por poder ser uma interpretação exagerada do analista.

Nada impede uma pessoa de demonstrar traços relacionados a mais de uma fase, por exemplo, uma pessoa pode ser fumante compulsiva e ser controladora ao mesmo tempo.

A forma de compreender a fixação é diferente de um psicanalista para outro. Faz parte o analista buscar este tipo de contraponto, mas, no nosso ver, o mais interessante seria partir dos incômodos e relatos do analisando e evitar dizer para o analisando algo do tipo "você está preso à fase oral do desenvolvimento". Afinal, isso seria um rótulo um tanto pesado e possivelmente reducionista.

O analista pode trabalhar esses traços como sendo traços de personalidade e trabalhar isso com o analisando durante as sessões, sem necessariamente buscar um evento único ou uma série de eventos que se liguem a determinada fase.

Controvérsias

Se hoje falar de sexualidade na infância já assusta à tantas pessoas, imagina décadas atrás? Foi no final do século XIX que Freud divulgou seus estudos, contrapondo a visão da sociedade de que a criança é um ser "puro" e "inocente", totalmente assexuadas.

Portanto, fica evidente que Freud causou grande espanto. Contudo, conseguiu abrir espaço para desenvolver esse campo de estudo nos anos seguintes. Por ser o primeiro, alguns pontos foram contestados por outros pesquisadores. No entanto, o desenvolvimento de uma teoria por seguidores não é nenhuma surpresa. É um encaminhamento óbvio da ciência.

A inveja do pênis

O filósofo Foucault questionava as evidências nas quais outros filósofos se baseavam em suas teorias. Um desses questionamentos são aplicados a Freud. Assim, com base em que evidência ele poderia dizer que a inveja do pênis existe? Essa evidência seria real?

Esse filósofo questionava muito sobre a construção do saber e esse questionamento foi aplicado a Freud. Uma de suas perguntas a respeito tinha relação com a formulação da inveja do pênis.

Não seria, na época, uma manutenção dos discursos de poder?

De acordo com o teórico, a verdade e o poder estão interligados. Assim, quem está no poder, detém a verdade e destrói evidências contrárias. Freud estava em um sistema social em que o poder era patriarcal. Visto que a maioria dos estudiosos, profissionais, pesquisadores e políticos eram homens, as evidências de Freud não eram o suficiente para convencer todos os seus seguidores e sucessores.

Conceitos de masculino e feminino

A semiótica é uma ciência que também nos faz questionar sobre a construção do que é masculino e feminino. A sociedade está se desenvolvendo há muitos anos, e, com ela, conceitos foram formulados do que significa masculinidade e feminilidade.

De acordo com Freud, em uma das fases o indivíduo começa a desenvolver sua identidade sexual, expressando traços de feminilidade ou masculinidade. Contudo, até que ponto isso é instintivo do ser humano? E até que ponto as crianças estão reproduzindo os significados que aprenderam sobre masculinidade e feminilidade?

Ao nascer, o sexo biológico já determina um conjunto de significados. A começar pela cor, que diferencia o gênero do bebê. As brincadeiras também são determinantes para ensinar esses conceitos. Por isso, muitos questionaram esse aspecto, já que não se pode dizer que essa expressão de masculinidade e feminilidade é algo natural e intrínseco. Existe interferência social.

Sexualidade humana

Muito se fala sobre esse tema e a preocupação dos pais com "conteúdos impróprios" para suas crianças. Porém, sexualidade é algo impossível de desvincular de nossa vida. A energia sexual, chamada de libido, é uma força motora para todos os seres humanos.

Ela está conectada com um instinto básico, que é o de reprodução e propagação da espécie. Assim como a fome que nos faz ter necessidade de comer, ou como o nosso estado de alerta em situação de perigo, a energia sexual está presente no nosso dia.

Através dela, decidimos o que vestir, como comer, nos motivamos a cuidar da aparência, nos comunicamos com outras pessoas e muito mais. Dessa forma, é preciso ter em mente que falar de energia sexual não é, necessariamente, falar do ato sexual ou até mesmo de atração sexual consciente.

Fixação

Segundo Freud, quando a criança passa por uma das fases e possui questões não resolvidas, ela desenvolve uma fixação. Assim sendo, pode acabar sofrendo por um problema de personalidade.

Na primeira fase, por exemplo, se a criança continua sendo amamentada quando deveria estar aprendendo a se tornar mais independente na segunda fase, alguns problemas podem decorrer. Nesse contexto, ela pode se tornar uma adulta dependente. Por outro lado, também pode desenvolver vícios relacionados a bebida, fumo e comida.

A fixação é algo que pode persistir na vida adulta. Assim, se não for resolvida, continuará "travada" em alguns aspectos. Um exemplo claro é o das mulheres, que muitas vezes têm relações sexuais sem conseguir atingir orgasmos.

assexuadas, as meninas são mais ainda. Certos comportamentos aceitáveis para meninos são condenáveis em grau maior para meninas. Não é a toa que muitas se sentem tão reprimidas que são adultas com problemas de relacionamento. Trata-se de um problema social que atinge o psicológico e a vida íntima de milhares de mulheres.

A importância da educação sexual

Existem certas coisas que crianças não estão preparadas para saber. No entanto, de acordo com a Psicanálise, há também fases que devem ser respeitadas. Assim, as crianças deveriam aprender sobre o mundo conforme as fases em que estão.

Nesse contexto, vale lembrar que educação sexual ajuda a criança a formar uma personalidade saudável. Dessa forma, poderá lidar bem com seu próprio corpo e com as outras pessoas também. Assim, ensina que certos lugares precisam de limites e não podem ser tocados por estranhos. Agindo desta maneira, é possível estimular a criança a se desenvolver de forma saudável e até mesmo garantir que ela se livre de situações abusivas.

Vemos, portanto, que educar uma criança sexualmente não significa que ela aprendeu o que é sexo. Ao transitar de uma fase para a outra, ela, por conta própria, descobrirá o que é uma sensação boa ou não. Reprimir essa descoberta pode causar problemas de segurança e autoconfiança, por exemplo. Em casos graves, até mesmo transtornos mentais.

Assim sendo, é importante ressaltar a importância de que pais, professores e pessoas próximas à criança tenham noção do que está acontecendo com ela. Isso, no entanto, só pode ser feito a partir de uma profissionalização em Psicanálise.

Caso você não tenha tempo para investir em um curso presencial, matricule-se em nosso curso EAD de Psicanálise Clínica! Nele você aprenderá sobre o desenvolvimento psicossexual e muitos outros tópicos interessantes. Uma das vantagens de obter esse conhecimento é que você pode aplicá-lo tanto a nível pessoal como profissional. Assim, não deixe de conferir nossos conteúdos!

O homossexualismo está ligado também a estrutura perversa segundo a psicanalise.

Perversão é um termo chave na psicanálise, para ela apropriado pela primeira vez por Sigmund Freud, pai dessa escola de pensamento. Nela, é referente à uma estrutura clínica, ou seja, à uma modalidade de relação com o outro e com a falta.

Segundo o autor, são três as estruturas clínicas: neurose, psicose e perversão. O que as define é o mecanismo de defesa diante à castração. No caso da neurose, há o recalque. No da psicose, a forclusão. No da perversão, o desmentido.

A perversão é então descrita como uma defesa contra a psicose, a fragmentação do eu. Mais comumente, porém, é afirmada como o negativo da neurose, ou seja, como aquilo que a neurose suprime para se constituir enquanto tal. Portanto, se é definida pelo recalcamento da castração como estratégia de defesa formativa do modo estrutural, a perversão é pela renegação, a recusa de reconhecer a falta (já captada) do outro, representada pelo corpo da mãe em que faltaria um elemento, o falo. É o desmentido da experiência, ainda registrada a nível perceptivo.

A sexualidade do perverso é formada através da fixação em um estágio infantil, pré-genital da organização libidinal, como o oral, anal, acústico ou visual. Assim, em vez desse gozo ser parte da experiência, é a própria.

O resultado disso pode ser o exagero em um modo de satisfação, a dissociação de fins e meios que negam o encontro genital (desafiando à norma sexual, ainda que não necessariamente a jurídica) e o prazer com a destruição do caráter da lei, que pode está ligado a questão homossexual onde a relação entre pessoas do mesmo sexo caracteriza justamente o que foi falado acima a quebra da lei e o desafio as normas sexuais comuns existentes.

São as modalidades resultantes:

Fetiches: São os substitutos imaginário-simbólicos da castração, podendo ser os objetos presentes na cena do descobrimento dela, como partes do corpo ou peças de roupa. Uma característica dele é ser o pelo que há atração, e não um componente dela, levando ao gozo com esta especificidade e não como um todo. Assim, pode-se dizer que neurótico, o que é produzido com a relação com a castração são os sintomas. No do psicótico, os delírios. E no do perverso, os fetiches.

Sadismo: é o processo baseado em empurrar a castração para o outro, como se este fosse castrado e o perverso quem tampona a falta, sutura a divisão subjetiva. Consiste em produzir angústia, dividir o outro.

Masoquismo: é a outra face do processo, mas, do lado da identificação com o objeto. Consiste em sentir a dor.

No mais, a literatura apresenta como características sexuais dos sujeitos perversos o precoce amadurecimento da intimidade e o interesse intrusivo por detalhes da intimidade do outro. Por mais, como processos que formam a excitação com a transgressão, há a piromania e os maus tratos com animais.

Outros traços que compõem o quadro podem ser o déficit de sentimentos sociais, como culpa, medo ou vergonha. Nessa situação, o sujeito saberia o que está fazendo, mas sua relação com a lei não ocasionaria afetos inibitórios. Tal marca foi apropriada pelo discurso psiquiátrico com o nome de Transtorno de Personalidade Antissocial ou Psicopatia.

Autoconhecimento uma janela de acesso até o inconsciente

A psique naturalmente já tem sua dinâmica homeostática. Porém, vivemos comprimidos entre a primitividade e a massificação. De um lado, temos o ser primitivo, que, reinante há não muito tempo, configura a maior parte da história humana, com sua identificação com a psique coletiva e a inebriante *participação mística* (JUNG, 2015a). Do outro, a cultura, que massifica o sujeito, o condiciona a ser mera peça do estado, com o desenvolvimento unilateral de suas capacidades para desempenhar estritamente uma única função (Id., 2013c, 2015b)

Devido a isso, o indivíduo pena para desenvolver e manter seu senso de individualidade, e é exatamente isso que ele deve fazer para ter uma boa convivência com sua psique. Para tanto, ele necessita de "uma valorização psicológica objetiva das diferenças individuais ou qualquer objetificação científica dos processos psicológicos individuais" (Id., 2015b, § 9), ou seja, autoconhecimento. Este não se refere apenas à personalidade consciente do eu, e sim também tudo aquilo que necessariamente passa despercebido de sua atenção, ou seja, é inconsciente (Id., 2013c).

Um bom grau de reflexão autocrítica já ajuda nesse processo, bem como a observância do que os outros podem pensar sobre você. De forma saudável, este último pode, além de nos fazer enxergar aquilo que não vemos, também oferecer atenção às nossas próprias projeções sombrias – aquilo que, não suportando manter conosco, delegamos inadvertidamente ao outro.

"[...] não se deve esquecer a seguinte regra: o inconsciente de uma pessoa se projeta sobre outra pessoa, isto é, aquilo que alguém não vê em si mesmo, passa a censurar no outro. Este princípio tem uma validade geral tão impressionante que seria bom se todos, antes de criticar os outros, se sentassem e ponderassem cuidadosamente se a carapuça que querem enfiar na cabeça do outro não é aquela que se ajusta perfeitamente a eles" (Id., 2013b, § 39).

Outra forma saudável é observar os próprios padrões de repetição, que tendem a se perpetuar enquanto o indivíduo não toma consciência deles. Jung, em sua célebre frase diz: "Até você se tornar consciente, o inconsciente irá dirigir sua vida e você vai chamar isso de destino" (Id., 1948/1970, § 126). A consciência é uma instituição de adaptação e orientação, e, portanto, necessita permanecer nos ditames do previsivelmente conhecido o quanto for possível. O inconsciente, clamando por uma vivência mais ampla que abarque a totalidade da existência da psique, produz um movimento de compensação da atitude consciente.

E isto também pode estar ligado com a escolha Homossexual devido a projeção da falta de algo não efetivo na sua construção do Psique, fica recalcado se for a questão da falta de amor de uma mãe. Neste caso você pode refletir na propensão de ter procurado na vida adulta um relacionamento amoroso com outra mulher em busca do amor infantil que não foi preenchido. E não é fácil ter esta percepção, que a vontade de se relacionar com o mesmo sexo possa está ligado nisto. Por isso é tão importante este acesso ao inconsciente onde podemos mergulhar a fundo e saber qual o real motivo desta vontade e automaticamente fará muito mais sentido a sua percepção de si mesmo, entendendo que sua questão neste caso não é vontade sexual por outra mulher e sim falta do amor de mãe que não obteve. "A compensação inconsciente de um estado neurótico da consciência contém todos os elementos que, quando conscientes, isto é, quando compreendidos e integrados como realidades na consciência, são capazes de corrigir eficaz e salutarmente a unilateralidade da consciência" (Id., 2014, § 187).

Em geral, como continua a dizer o autor, a consciência ignora tais efeitos, e com isso o fenômeno da compensação se passa inconsciente, sem efeito imediato. Porém, ao longo do tempo, à medida que não se dá atenção à compensação, o inconsciente produz um efeito indireto: "a oposição inconsciente, numa constante infração, vai arranjando sintomas e situações, que finalmente se contrapõem sem cessar às intenções conscientes" (Ibid., § 187).

A via régia de informações para o inconsciente, é quando a consciência se desliga. Aqui o sujeito por alguns momentos interage com figuras fantásticas, revive cenas traumáticas, realiza seus desejos mais profundos. Enfim, ele entra em contato com o processo de homeostase mais natural da psique: o sonho. Aqui, ele irá se manifestar, em sua maioria, como uma compensação da atitude consciente (Id., 2011). Dando atenção às vivencias oníricas, o sujeito pode experimentar processos de desenvolvimento satisfatórios.

Outra forma, que é justamente a pedra angular de todo desenvolvimento teórico junguiano, é a análise. Na presença de um profissional, o sujeito conta toda sua vivência e expõe sua subjetividade, criando uma relação dialética com o terapeuta (Id., 2013a). Este, se esforça para entender e interpretar todo o conteúdo falado, na tentativa de ajudar o cliente a perceber a influência do inconsciente em sua vida, de forma que, futuramente, ele possa se auto monitorar.

Dessa forma, se desenvolve um contato com a própria subjetividade, de modo a diminuir as barreiras que se interpõem entre consciência e inconsciente. Nesse constante contato, o indivíduo começa se relacionar, através de sonhos e percepções visuais, com figuras imagéticas do inconsciente, sua linguagem por excelência (Id., 2015b).

Identificação com o genitor do sexo oposto.

Freud escreveu 30 artigos sobre sexualidade, que vão de 1898, em *Sexualidade na etiologia das neuroses*, até 1931, em *Sexualidade feminina*, além de dois capítulos das *Novas leituras introdutórias de psicanálise*, de 1933 [1932], e das publicações póstumas: *Esquema de psicanálise* e *Divisão do ego no processo de defesa*, ambas de 1940[1938].

Na verdade, Freud sempre acreditou na força das disposições sexuais, masculina e feminina, em homens e mulheres, configurando uma bissexualidade inata. Em *O ego e o Id* (1923/1976), atribui a essa força o desfecho da situação edípica, ou seja, se resultará numa identificação com o pai ou com a mãe, justificando a impressão de que o complexo de Édipo é sempre completo: positivo e negativo. Segundo suas palavras, isto equivale a dizer que um menino não tem simplesmente uma atitude ambivalente para com o pai e uma escolha afetuosa pela mãe, mas que, ao mesmo tempo, também se comporta como uma menina e apresenta uma atitude afetuosa feminina para com o pai e um ciúme e uma hostilidade correspondentes em relação à mãe.

Apesar de esses textos evidenciarem que Freud, ao longo de toda a sua obra, não se afastou de sua convicção sobre a existência de uma bissexualidade inata e do polimorfismo da sexualidade humana, aparentemente, os psicanalistas se apegaram à frase "A anatomia é o destino", citada em "*A dissolução do complexo de Édipo*" (1924/1976, p.222).

Discordando dessa tendência, encontramos em McDougall uma das contribuições psicanalíticas pós-freudianas mais abrangentes sobre a sexualidade humana. Em *Teoria sexual e psicanálise* (1999), destaca que qualquer que seja o valor que se possa dar às diferentes teorias psicanalíticas, ao final, todas concordam em situar a sexualidade em um universo somato-psíquico criado pelas universais pulsões libidinais a partir dos primeiros contatos do bebê com o corpo da mãe. Isso gera já em seu nascedouro uma série de conflitos psíquicos, provocados pelo inevitável choque entre os impulsos internos do recém-nascido e as restrições da realidade externa. Por conta disso, enfatiza que a sexualidade é inerente e inevitavelmente *traumática* e força o ser humano a um eterno questionamento.

Contudo, a parte mais importante da contribuição dessa autora é a abordagem que faz da sexualidade arcaica, relacionada às descobertas da alteridade e da diferença entre os sexos. De acordo com esse ponto de vista, na fase edípica, nas suas dimensões homo e heterossexual, as crianças se veem frente a múltiplas frustrações e sonhos impossíveis: em particular o desejo de pertencer a ambos os sexos e possuir os genitais tanto da mãe quanto do pai.

Como resultado dos universais desejos bissexuais, a homossexualidade primária da garotinha inclui seu desejo de possuir sexualmente sua mãe, de penetrar sua vagina, entrar em seu corpo e, algumas vezes, devorá-la, como um meio de posse total do objeto materno e dos seus poderes mágicos, num mundo do qual os homens estão excluídos. Mas as fantasias da menininha também incluem o desejo de ser um homem como seu pai, de ter os seus órgãos genitais e, assim, vir a possuir todo o poder e qualidades que ela lhe atribui, fazendo na vida de sua mãe o papel do pai.

O menininho se imagina parceiro sexual de seu pai, fantasiando incorporar oral ou anualmente o pênis paterno para que venha a possuir os órgãos genitais do seu pai e seus privilégios, tornando-se dessa forma um homem. Mas esse menininho também é invadido pela fantasia de tomar o lugar de sua mãe nas relações sexuais e obter um bebezinho do seu pai. Igualmente ele sonha ser penetrado pelo pai como imagina que a mãe seja e também tem fantasias de penetrar seu pai.

Na verdade, existem inumeráveis caminhos potenciais pelos quais essa *corrente libidinal bissexual universal* pode encontrar expressão e assim ser integrada à organização psicossexual. Embora esses impulsos possam dar origem ao sofrimento neurótico ou psicótico, eles também podem simples e prontamente se transformar em num fator de enriquecimento psíquico.

Enfatiza Joyce McDougall, na referida obra, que o substrato bissexual dos seres humanos serve não somente para enriquecer e estabelecer os relacionamentos amorosos e sociais como também fornece um dos elementos aptos a estimular a atividade criativa – embora precise ser admitido que essa mesma dimensão pode ser fonte de bloqueios criativos se os desejos bissexuais inconscientes forem fonte de conflito ou interdição.

Sendo assim, podemos entender que o indivíduo nasce sendo vulnerável a uma influência sexual de acordo com a posição de limites e simbolizações feitas em seu meio ninguém nasce homossexual se torna, por isso a importância de uma passagem pelo Édipo de uma forma correta para que os conflitos e traumas inerentes a existência de todo indivíduo não seja um reforçamento para o desejo sexual de forma desorganizada. E para que estão organização interna seja concluída é muito importante destacar a organização familiar por muitas vezes descritas por Freud O triangulo Pai, mãe e bebê cada um na posição que deve ocupar.

O *gênero* é constituído por comportamentos, preferências, interesses e posturas, incluindo a forma de se vestir, andar e falar, histórica e socio culturalmente estabelecidos, configurando a masculinidade e a feminilidade – que vai influenciar diretamente no modo que indivíduo se vê, porque a escolha sexual começa nas simbolizações desde o primeiro dia de seu nascimento, estabelecida pela anatomia. A hipótese de um sistema binário de gêneros encerra implicitamente a crença numa relação mimética entre gênero e sexo, na qual o gênero reflete o sexo ou é por ele restrito. Contudo, mesmo que os sexos pareçam tão obviamente binários em sua morfologia e constituição, não há razão para supor que os gêneros também devam permanecer em número de dois.

Na sua relação com o sexo, o *gênero*, fruto de uma construção cultural, não é nem o resultado causal do sexo anatômico nem tampouco é tão fixo quanto ele, estabelecendo-se entre ambos uma descontinuidade radical. O gênero precede a sexualidade, ao afirmarem que o gênero, resultante de eventos pós-natais, organiza a escolha do objeto e as fantasias sexuais.

Especificamente, no campo da psicanálise, a concepção de gênero, até hoje aceita com reservas, desenvolveu-se lentamente através Stoller (1968/1974, 1975/1982, 1985/1993) a partir do final dos anos 60 e 70 com a diferenciação entre *identidade sexual*, conferida pelos genitais, e *identidade de gênero*, dada ao indivíduo pelo ambiente, pois, segundo as palavras desse autor, ao nascer, não sabemos o que é masculino ou feminino; são os pais e a sociedade que nos ensinam. Para Stoller, o termo *identidade de gênero* refere-se à mescla de masculinidade e feminilidade em um indivíduo, significando que tanto a masculinidade quanto a feminilidade são encontradas em todas as pessoas, mas em formas e graus diferentes.

Corresponde a uma convicção sustentada pelos pais e pela cultura, razão pela qual ela sofre modificações no tempo e no espaço. Assim é claro o entendimento que existe uma grande responsabilidade dos pais no direcionamento da escolha sexual deste indivíduo, visto que para um menino se tornar uma Homem Hetero Necessariamente ele terá que ter uma identificação positiva em relação ao pai ou figura masculina que o cerca.

Por meio da literatura sobre o tema, incluindo-se os citados escritos psicanalíticos, tem-se a impressão de que gênero é algo bem definido. Diz Butler, antes citada, que, na verdade, o gênero é a contínua estilização do corpo, um conjunto de atos repetidos, no interior de um quadro regulatório altamente rígido, que se cristaliza ao longo do tempo para produzir a aparência de uma maneira "natural" de ser.

A autora contesta a noção de *identidade de gênero*, ao afirmar que gênero não é o que somos, mas o que fazemos e, em função disso, ou seja, do que fazemos, temos o nosso corpo designado como masculino ou feminino. O *gênero*, portanto, para Butler, é performativo e se constitui a partir de um discurso.

Ela refere que o anúncio ao casal gestante "é uma menina" ou "é um menino", feito pelo médico diante da tela de um aparelho de ultrassonografia, põe em marcha o processo de fazer desse ser um corpo feminino ou masculino. Trata-se de um ato performativo que inaugura uma sequência de atos performativos que vai constituir um sujeito de *sexo* feminino ou masculino a partir de sua anatomia e simbolizações.

Em que pese a Freud ter enfatizado ao longo de sua obra a bissexualidade inata e o polimorfismo da sexualidade humana, na clínica, ainda hoje nos empenhamos em encontrar um causa para a homossexualidade e, em muitos casos, o analista busca ardorosamente a "*heterossexualização*" do paciente, configurando uma verdadeira "*cura gay*". Não obstante, não podemos deixar de consignar a importância das identificações, do conflito e dos sintomas nas manifestações da sexualidade dos indivíduos, para além das homo e heterossexualidades, das vicissitudes do difícil processo de separação-individuação e, ainda, da genética que, nos últimos anos, tem ampliado o conhecimento sobre esse importante campo das relações humanas.

De acordo com tais avanços, em que se destaca o fenômeno da mutilação com a formação de marcas ancoradas junto aos genes responsáveis pelos cromossomas XX ou genética podemos afirmar que cientificamente falando não existe uma genética homossexual entendo que a homossexualidade se dará em torno de influencias e simbolizações vindas de seu meio primário na fase da construção de seu Psique e descobertas em contato com o mundo.

O autor vai mais longe ao sugerir que, por conta dessa posição teórica, ao não fazer as perguntas necessárias, ele bloqueará a possibilidade de ajudar seus pacientes a se sentirem menos inibidos ou ter menos conflitos com a sua homossexualidade. Ainda que não pretenda mudar a orientação sexual de seus pacientes homossexuais, ele poderá transmitir o seu preconceito através de comentários, sugestões, desinteresse por determinados.

Considerando que este processo de maturação e identificação tenha acontecido e o indivíduo acabou se estruturando em uma sexualidade Homossexual é muito importante sim que ele faça acompanhamentos terapêuticos,

não para se curar da homossexualidade pois não é uma doença, mas para que ele possa ter conhecimento de si mesmo compreendendo os mecanismos que o fizeram sentir pensar ou desejar a pessoa do mesmo sexo, podendo assim em alguns casos voltar ao seu estado natural de condensação remodelando sua sexualidade de acordo com sua genética e anatomia corporal.

Estes dados inconscientes vão fazer com que ele tenha novas simbolizações e possivelmente posso dar novos significados para seus desejos e sentimentos. É indispensável a neutralidade do analista, quem sabe tenhamos que ponderar que o problema que vive possa estar relacionado a acontecimentos do início da sua vida existencial , deixar que ele se sinta a vontade quanto a revelação da homossexualidade, para não se sentir envergonhado pela condição e temer a sua exposição, evidenciando a dificuldade de vencer as barreiras impostas pelos preconceitos enraizados na cultura entendendo que não foi uma escolha do individuo e sim uma construção vinda pelo seu meio.

Trauma sexual na Infância.

Abuso sexual na infância: esta categoria abarca as respostas relativas à atribuição de abusos sexuais sofridos na infância, seja eles perpetrados por homens ou por mulheres, como potenciais promotores do despertar de uma homossexualidade. Há dois tipos de explicação surgida nesta categoria. O primeiro, presente apenas no relato de Henrique, tem relação com os abusos perpetrados por mulher, que de certa forma criou nele uma aversão sexual à figura feminina.

Por que que eu vejo que os abusos das mulheres e dos homens contribuíram pra construção da minha homossexualidade? Os das mulheres eu ainda era muito criança. Então, aquilo não me deu nenhum prazer. Pra mim foi... foi ruim, né? Uma colocou a minha mão dentro da vagina dela. Eu, como criança, achei aquilo nojento.

Então, eu vejo como elas me abusaram eu era muito menino, aquilo criou um bloqueio já do feminino, é? (Henrique)

O segundo tipo de explicação, e o mais comum dentre os respondentes, é que o abuso sexual realizado por outros homens funcionaria como um fator desencadeante para a homossexualidade na criança abusada, seja por curiosidade, seja pelo fato de a criança interpretar a situação de abuso como normal e introjetar essa experiência como prazerosa, conforme relatam.

Eu tinha desejo de ver um homem nu. Eu tinha desejo de ver um homem pelado. Buscava isso no meu pai. Não tinha. Aí, foi surgindo a curiosidade. E aí, a curiosidade foi matada com esta pessoa, com este cara que me abusou, e aí foi o start pra eu poder começar. (Junior)

Existe o motivo de uma criança ser violentada sexualmente e isso trabalhar na psicologia dela, ela achar que aquilo é normal, criar o prazer, o ilibado dela, o prazer nela dela sentir atraída pelo mesmo gênero.

Cinco pessoas que sofreram abusos na infância e adolescência contaram, em audiência pública da Comissão de Direitos Humanos e Minorias da Câmara dos Deputados, suas histórias de como tiveram relacionamentos homossexuais e depois se casaram com pessoas do sexo oposto. Ao longo dos depoimentos, todos afirmaram que não eram realmente homossexuais, mas heterossexuais que tiveram relacionamentos com pessoas do mesmo sexo.

Um deles foi o pastor, conferencista e escritor Joicê Pinto Miranda. Ele afirmou que sofreu abuso dos 6 aos 7 anos de idade, mas teria sido a ausência paterna o motivo de seus relacionamentos homossexuais. "Aos seis anos fui abusado por um advogado, tentei contar para o meu pai, mas ele não tinha tempo para mim."

Miranda contou que saiu de casa aos 12 anos e foi atuar como travesti primeiro em São Paulo e depois na Europa. Por um pedido da mãe, voltou ao Brasil e deixou a profissão. "Nunca fui doente quando era homossexual, mas tinha a alma dilacerada. Na verdade, eu nunca fui gay, nasci hétero, mas a vida me levou para esse caminho", disse.

A estudante de Psicologia e radialista Raquel Guimarães também disse que sofreu abuso. Segundo ela, isso ocorreu dos 8 aos 15 anos e, aos 11 anos, começou a sentir o desejo por mulheres. "Passei a rejeitar a imagem de homem. Não me sentia bem e não conseguia ver um futuro feliz ao lado de um homem."

O especialista em políticas sobre drogas e mestre em Saúde Pública Claudemiro Soares Ferreira afirmou que os chamados ex-homossexuais sofrem um preconceito triplo. "Antes ele era discriminado pela sociedade heterossexual e agora ele é tanto pela hétero, que não acredita nele, como pela sociedade LGBT, que também não acredita, e porque a maioria das pessoas deixou a homossexualidade a partir da experiência religiosa."

Para a psicóloga especialista em Saúde Mental e Filosofia de Direitos Humanos, escritora e conferencista Marisa Lobo, os programas de televisão ridicularizam os ex-homossexuais porque não sabem como eles são por dentro. "Essas pessoas são seres humanos e devem ser respeitadas", disse.

Na avaliação do pastor, cantor evangélico e conferencista Robson Alves, falta ajuda psicológica para quem vive relacionamentos homossexuais, mas não se sente feliz assim. "Recebi indicação da psicóloga para viver minha homossexualidade, mas eu não era feliz. A pessoa que quer deixar de ser homossexual, ela pode deixar", ressaltou.

O pastor, professor e radialista Arlei Lopes Batista disse que não foi transformado em heterossexual. "Para desconstruir a homossexualidade no meu processo, eu precisava entender quem

eu era. Alguém me ajudou a tratar os gatilhos que me levaram à homossexualidade", declarou. Segundo ele, os impulsos sexuais pelo mesmo sexo teriam surgido por ter sido rejeitado no ventre pela mãe, que gostaria de ter tido uma filha. "Até os três anos ela me vestiu como uma menina, e isso trouxe uma confusão.

" homossexual é produto de diversas experiências e influências que o sujeito vai introjetando ao longo da vida. Para eles, à medida que o indivíduo vai passando por determinadas vivências que o vão moldando, ele vai se constituindo.

Define-se abuso ou violência sexual na infância e adolescência como a situação em que a criança, ou o adolescente, é usada para satisfação sexual de um adulto ou adolescente mais velho, (responsável por ela ou que possua algum vínculo familiar ou de relacionamento, atual ou anterior), incluindo desde a prática de carícias, manipulação de genitália, mama ou ânus, exploração sexual, voyeurismo, pornografia, exibicionismo, até o ato sexual, com ou sem penetração, sendo a violência sempre presumida em menores de 14 anos (adaptado de ABRAPIA, 1997)[3].

De difícil suspeita e complicada confirmação, os casos de abuso sexual na infância e adolescência são praticados, na sua maioria, por pessoas ligadas diretamente às vítimas e sobre as quais exercem alguma forma de poder ou de dependência.

Nem sempre acompanhado de violência física aparente, pode se apresentar de várias formas e níveis de gravidade, o que dificulta enormemente a possibilidade de denúncia pela vítima e a confirmação diagnóstica pelos meios hoje oferecidos pelas medidas legais de averiguação do crime.

Efeitos psicológicos do abuso sexual podem ser devastadores, e os problemas decorrentes do abuso persistem na vida adulta dessas crianças[4].

É um fenômeno universal que atinge todas as idades, classes sociais, etnias, religiões e culturas e pode ser considerado como qualquer ato ou conduta baseado no gênero, que cause danos ou sofrimento físico, sexual ou psicológico à vítima e, em extremos, a morte.

Sobreviventes do abuso sexual frequentemente repetem o ciclo de vitimização, perpetrando o abuso sexual intergeracional com seus próprios filhos[5].

A possibilidade de transitar da passividade da experiência para a atividade e aplicar ao mundo externo a agressão que lhe foi conferida permite que a criança "se desforre por procuração".

Assim, estabelece-se um processo defensivo, o qual tende a se perpetuar: a identificação com o agressor como uma maneira psíquica de sobreviver ao abuso. A vítima, ao se igualar com o seu agressor e se converter em molestadora, torna o abuso sexual um legado passado à próxima geração de vítimas[6].

De outra forma, poderá apresentar a possibilidade de estabelecer uma relação abusiva consigo mesmo, como acontece nos casos de revitimização[7,8].

Os números da violência

O abuso sexual infantil é considerado, pela Organização Mundial da Saúde (OMS), como um dos maiores problemas de saúde pública. Estudos realizados em diferentes partes do mundo sugerem que 7-36% das meninas e 3-29% dos meninos sofreram abuso sexual[9].

A sua real prevalência é desconhecida, visto que muitas crianças não revelam o abuso, somente conseguindo falar sobre ele na idade adulta[10].

As estatísticas, portanto, não são dados absolutos. Trabalha-se com um fenômeno que é encoberto por segredo, "um muro de silêncio", do qual fazem parte os familiares, vizinhos e, algumas vezes, os próprios profissionais que atendem as crianças vítimas de violência[11].

Acrescente-se a isso que países com limitados recursos socioeconômicos podem não ser capazes de manejar todos os relatos de suspeita de abuso sexual ou coletar dados referentes a eles[12].

Pesquisas em países europeus indicam que 6-36% de meninas e 1-15% de meninos sofreram experiências sexuais abusivas antes dos 16 anos. De forma similar, em estudos realizados nos EUA, com uma amostra de 935 pessoas, 32,3% das mulheres e 14,2% dos homens revelaram abuso sexual na infância, e 19,5% das mulheres e 22,2% dos homens sofreram violência física[13].

Dados da Polícia Civil - Secretaria da Justiça e da Segurança do Estado do Rio Grande do Sul - apontam que, em 2002, 1.400 crianças foram vítimas de violência; destas, 872 ou 62% foram vítimas de violência sexual. Em 2003, 1.763 foram vítimas de violência; destas, 1.166 ou 66,14% de violência sexual. De janeiro a julho de 2004, de 525 crianças vítimas de violência, 333 ou 63,43% estavam relacionadas à violência sexual[14].

Esses números, extremamente cruéis, são indicativos que a violência sexual é a que tem sido mais denunciada e acompanhada por essa Secretaria, não se podendo considerá-los, no entanto, como um índice de prevalência dentro da proporção de todos os tipos de maus-tratos a que podem ser submetidos crianças e adolescentes.

Dados do programa Rede de Proteção às Crianças e Adolescentes em Situação de Risco para Violência, da cidade de Curitiba (PR), evidenciam 1.356 notificações de maus-tratos no ano de 2003. Destas, 17,6 % foram casos de abuso sexual, sendo 75,6% do sexo feminino e 24,4% do sexo masculino

A violência sexual apresentou a maior prevalência como forma de violência doméstica, com 75,2% dos casos. Em 24,8% das notificações, o abuso aconteceu fora da residência da vítima. Porém, mesmo assim, a quase totalidade desses casos foi cometida por pessoas que mantinham relacionamento de confiança com a vítima. Isso demonstra a distorção que a sociedade mantém nesse tipo de violência, quando remete habitualmente a imagem do agressor ao estranho, marginal ou psicopata de rua.

É preciso que se leve em conta, também, que o abuso sexual ocorre para os dois sexos, sendo maior a incidência no sexo feminino, até por ser culturalmente o mais aceito, tanto para o ato em si, como para a denúncia. As estatísticas internacionais apontam para 10% dos casos referentes ao sexo masculino. Nos dados do Programa Rede de Proteção de Curitiba, das 238 notificações de violência sexual acompanhadas no ano de 2003, 24,4% eram de meninos[15].

Por que as crianças e adolescentes se calam

Na assistência à criança e adolescente vítimas de maus-tratos, há que se considerar que, em aproximadamente 20% de todos os casos, existe o abuso sexual, sempre acompanhado das agressões psicológicas, como em todas as formas de violência nessa faixa etária.

Os casos mais frequentes de violência sexual até a adolescência são decorrentes de incesto, ou seja, quando o agressor tem ou mantém algum grau de parentesco com a vítima, determinando muito mais grave lesão psicológica do que na agressão sofrida por estranhos.

Trata-se de uma forma de violência doméstica que usualmente acontece de forma repetitiva, insidiosa, em um ambiente relacional favorável, sem que a criança tome, inicialmente, consciência do ato abusivo do adulto, que a coloca como provocadora e participante, levando-a a crer que é culpada por seu procedimento (o abuso).

O agressor usa da relação de confiança que tem com a criança ou adolescente e de poder como responsável para se aproximar cada vez mais, praticando atos que a vítima considera inicialmente como de demonstrações afetivas e de interesse. Essa aproximação é recebida, a princípio, com satisfação pela criança, que se sente privilegiada pela atenção do responsável. Este lhe passa a ideia de proteção e que seus atos seriam normais em um relacionamento de pais e filhas, ou filhos, ou mesmo entre a posição de parentesco ou de relacionamento que tem com a vítima.

As abordagens, que se tornam cada vez mais frequentes e abusivas, levam a um sentimento de insegurança e dúvida, que pode permanecer por muito tempo, na dependência da maturidade da vítima, de sua estrutura de valores e conhecimentos, além da possibilidade ou não que teria de diálogo e apoio com o outro responsável, habitualmente favorecedor, consciente ou não, da violência.

Quando o agressor percebe que a criança começa a entender como abuso ou, ao menos, como anormal seus atos, tenta inverter os papéis, impondo a ela a culpa de ter aceitado seus carinhos. Usa da imaturidade e insegurança de sua vítima, colocando em dúvida a importância que tem para sua família, diminuindo ainda mais seu amor próprio, ao demonstrar que qualquer queixa da parte dela não teria valor ou crédito. Passa, então, à exigência do silêncio, através de todos os tipos de ameaças à vítima e às pessoas de quem ela mais gosta ou depende. O abuso é progressivo; quanto mais medo, aversão ou resistência pela vítima, maior o prazer do agressor, maior a violência[16].

Sentindo-se desprotegida pelo outro responsável, habitualmente a mãe, que permitiu a aproximação do abusador, insegura por imaginar que realmente não seria ouvida ou acreditada, envergonhada tanto pelo que passa, como pela sua impossibilidade de denunciar, por seu amor próprio reduzido e, ainda, ameaçada por aquele de quem habitualmente depende física e emocionalmente, ela se cala, muitas vezes para toda sua vida.

As situações de abuso homossexual são relatadas em 10% dos casos de violência sexual dentro da literatura internacional. No programa Rede de Proteção às Crianças e Adolescentes em Situação de Risco para Maus-Tratos, Curitiba, 2002 e 2003[15], esses casos foram encontrados em 21% das notificações de abuso sexual. Esse tipo de violência ocorre mais frequentemente entre o responsável do sexo masculino e o menino ou o adolescente, sem que isso necessariamente constitua um comportamento definitivo homossexual do agressor ou da vítima. Habitualmente, faz parte de um quadro de abuso geral, em caráter pedofílico, onde também as meninas da casa sofrem o mesmo tipo de agressão

Um pacto familiar de silêncio

Como parte de uma doença familiar, para que haja a denúncia do abuso sexual, é preciso que haja uma ruptura do equilíbrio doméstico que as pessoas se impõem, em uma distorção relacional denominada família incestuosa. Nos casos mais comuns e dentro de uma estrutura patriarcal de poder trazida das gerações anteriores, a mãe passa a ocupar o papel de *silent partner* — no qual tem uma participação muda em um quadro geral de violência.

Felizardo et al., no artigo "Modelos Teóricos de Interpretação para Violação do Incesto"[17] — fazem referência a Kaufmann et al., que em 1954 já descreviam um perfil comum dessas mães: quase todas tiveram uma mãe dominante, fria e emocionalmente distante, que rejeitou as filhas, favorecendo seus filhos. Hirch[18] acrescenta que, como consequência à socialização desigual de gêneros, essa mãe desenvolve o complexo feminino de inferioridade. Ela tenta manter a "estabilidade e segurança" da família, que representa seu porto seguro. Com a filha adolescente, em muitos casos, a mãe, consciente ou inconscientemente, passa a delegar à filha o seu pesado papel de mãe e esposa, em todos os seus aspectos[17].

Em algumas situações, quando o incesto é revelado, a mãe reage com ciúmes, como rival e passa a colocar na filha a responsabilidade pelo ocorrido. Para corroborar com essa prática, estaria a dificuldade de a mãe reconhecer o incesto, pois seria o reconhecimento de seu fracasso como mãe e esposa, enquanto que o abusador usa de todos os meios para manter seus atos em silêncio e encobertos[18]. Outra constatação da complexidade do impacto dessa violência na estrutura familiar é que o incesto é mais frequentemente relatado em famílias de nível socioeconômico inferior e mais facilmente encoberto pelas de padrão mais alto[19] (adaptado de Kaplan et al.).

É possível, então, concluir que o abuso sexual faz parte de um conjunto de rupturas de relacionamentos, em uma estrutura doente familiar, que vem do histórico de vida de cada membro dessa família, incluindo o agressor. Esse histórico pode determinar uma permissividade ao ato, pela própria desvalorização da infância e adolescência, como também do papel da mulher, mantendo, na maioria dos casos, uma cegueira e surdez coletiva aos apelos, muitas vezes mudos, da vítima.

O diagnóstico

O diagnóstico do abuso sexual e a consequente proteção necessária da criança e do adolescente dependem, também, de o pediatra considerá-lo como uma possibilidade[20].

Sinais gerais

O maior problema defrontado pelo médico e pelos meios de proteção legal é a comprovação do abuso sexual quando falta a evidência física. De fato, diferentemente dessa forma de violência, cujo diagnóstico é baseado em consequências observadas, o abuso sexual é geralmente definido por meio de sinais indiretos da agressão psicológica somados aos fatos relatados pela vítima ou por um adulto próximo[21].

Em geral, contatos — oral, digital e genital — ocorrem na genitália externa e na área anal. A não ser que ocorra penetração vaginal, a injúria é limitada à região da vulva e ânus. Quando o perpetrador roça seu pênis na vulva da criança, podem ser evidenciados eritema, edema, lesões e escoriações nos grandes lábios. Achados similares podem ser observados quando o perpetrador manipula digitalmente a vulva ou o intróito vaginal sem que ocorra a penetração.

Porém, as crianças dificilmente revelam de imediato o abuso sexual, o que oportuniza que o processo de cicatrização se complete dentro de poucos dias e, quando ela é examinada posteriormente, a apresentação anatômica da área ano-genital pode já não apresentar lesões evidentes[22].

Alguns autores tendem a atribuir toda lesão anogenital como sendo causada por abuso. No entanto, estudos atuais demonstram que alguns achados ao exame podem ser variantes da normalidade, enquanto que outros são meramente anormalidades não específicas[23,24].

O pediatra é frequentemente o primeiro profissional a ser procurado quando um ou os dois responsáveis, ou ainda outro membro da família, estão preocupados com a possibilidade do abuso sexual. A revisão de experiências sexuais da criança deveria fazer parte da rotina da história médica, e seria obrigatória a investigação mais aprofundada se a criança relatasse sintomas dirigidos à genitália ou ânus e/ou estivesse apresentando comportamento sexualizado adiantado para a idade[25].

O exame físico de toda a criança e adolescente deve ser completo, e a inspeção dos genitais e ânus, uma rotina. Dessa forma, o profissional familiariza-se com os dados normais e fica mais habilitado e seguro para reconhecer qualquer alteração dessa área[26].

É causa de preocupação a falta de conhecimento de alguns médicos em reconhecer as diferenças entre o normal e o anormal, principalmente da genitália feminina[27,28].

Muitas vezes, a possibilidade oferecida a uma criança de revelação da violência sofrida pode desencadear a denúncia por parte das outras crianças e adolescentes do mesmo ambiente familiar que estejam ou tenham sido submetidos à mesma forma de abuso. Em alguns casos, a descoberta de abuso sexual de uma criança ou adolescente por parte dos responsáveis mais velhos de segunda geração, como avós ou tios-avôs, pode levar à quebra da amnésia pós-traumática de um abuso sofrido pela própria mãe ou pai da vítima.

Em outras situações, a criança e/ou adolescente podem ser induzidos a acusar um estranho ou qualquer outro mais distante, que não possam se defender da acusação, encobrindo, assim, o verdadeiro agressor. Habitualmente, são histórias não consistentes e que não se sustentam frente a uma argumentação mais detalhista. Somente quando passam a confiar no profissional é que essas vítimas conseguem revelar o abuso, geralmente repetitivo e de longa duração, perpetrado pelos pais, familiares e outros de seus relacionamentos9.

A anamnese deve ser realizada com bastante cautela, devendo-se poupar ao máximo a vítima de estar repetindo sua história, mesmo para profissionais diferentes, pois a fará reviver sua dor e até mesmo potencializá-la, de acordo com a reação e abordagem de cada profissional.

A avaliação da história colhida em momentos diferentes com outras pessoas envolvidas (além do próprio paciente, seus acompanhantes e responsáveis), procurando observar se há incoerências e contradições, pode conduzir ao diagnóstico definitivo. Nem sempre a queixa é clara e, nos casos mais habituais, que são crônicos e sem sinais físicos específicos, a participação de profissional especializado na área emocional, como psicólogos, psiquiatras ou psicanalistas, é fundamental.

O uso de estratégias como brincar com bonecos ou colocar a vítima nos papéis de filha, filho ou responsáveis pode evidenciar alguns sinais ou sintomas. Também nos desenhos, muitas vezes, a criança descreve, até mesmo em detalhes, às vezes simbólicos, todo seu sofrimento.

O conjunto de dados relevantes, se possível com a documentação através de fotos das lesões físicas existentes, devem ser registrados no prontuário do paciente, lembrados os princípios éticos e legais de sigilo e confidencialidade (Manual de Segurança, SBP, 2004)[16].

Há que se levar em conta, também, a possibilidade de falsa denúncia, na qual a criança ou adolescente é induzido ou convencido a acusar um dos responsáveis em crises conjugais, ou como meio de impedir a guarda daquele filho ou filha, ou mesmo como instrumento de vingança.

As consequências da violência sexual na infância ou adolescência podem se apresentar através de sinais e sintomas decorrentes da lesão psicológica a que essas vítimas são submetidas, como tristeza constante, prostração aparentemente desmotivada, sonolência diurna, medo exagerado de adultos, habitualmente aquele do sexo do abusador, história de fugas, comportamento sexual adiantado para idade, masturbação frequente e descontrolada, tiques ou manias, enurese ou encoprese e baixo amor-próprio.

Sinais específicos

Embora nem sempre presentes, os sintomas e sinais de lesão física são bastante conclusivos no diagnóstico de abuso sexual na infância e adolescência e devem sempre ser pesquisados.

Há que se levantar o diagnóstico de violência sexual sempre que se encontra:

— Lesões em região genital.

— Edema, hematomas ou lacerações em região próxima ou em área genital, como partes internas de coxas, grandes lábios, vulva, vagina, região escrotal ou anal, tanto em meninas como em meninos.

— Dilatação anal ou uretral, ou rompimento de hímen dão o diagnóstico de abuso sexual, mas esses nem sempre são sinais evidentes dentro das variações da normalidade, necessitando muitas vezes de uma avaliação minuciosa por profissionais especializados da área de perícia médica.

— Lesões como equimoses, hematomas, mordidas ou lacerações em mamas, pescoço, parte interna e/ou superior de coxas, baixo abdome e/ou região de períneo.

— Sangramento vaginal ou anal em crianças pré-púberes, acompanhado de dor, afastados os problemas orgânicos que possam determiná-los.

— Encontro de doenças sexualmente transmissíveis — como gonorreia, sífilis, HPV, clamídia, entre outras.

— Aborto — a perda de embrião ou feto, de forma natural ou provocada.

— Gravidez.

Manual de Segurança da Criança e do Adolescente, DCSCA, SBP 200416.

Tratamento

Atendimento inicial

O acolhimento da criança ou adolescente e de sua dor é o primeiro passo para um bom resultado do tratamento físico e emocional que serão necessários. A escuta de sua história, livre de preconceitos, sem interrupções ou solicitações de detalhamentos desnecessários para a condução médica do caso, vai demonstrar respeito a quem foi desrespeitado no que tem de mais precioso, que é seu corpo, sua imagem e seu amor-próprio.

O pediatra deve lembrar sempre que está diante de uma criança extremamente fragilizada, confusa em seus sentimentos de humilhação, vergonha, culpa, medo e desamparo. É preciso que se crie um bom vínculo, explicando sempre o que será feito e o porquê, nunca prometendo o que não se pode cumprir, como, por exemplo, que essa violência não mais acontecerá, ou que a criança estará sempre protegida.

Deve-se diferenciar a condução do atendimento inicial para as situações agudas do estupro ou outra forma de abuso sexual que são emergenciais e demandam uma sequência de condutas de assistência imediata, tanto à saúde física como emocional, daquelas crônicas e repetitivas, ambas extremamente desastrosas para a criança ou adolescente.

Nos casos agudos, com menos de 72 horas do ocorrido, as medidas legais já devem acompanhar toda assistência inicial de diagnóstico e tratamento. Para fins de processo judicial e a necessária comprovação da agressão sexual, bem como a confecção de exames que levem à identificação do agressor, é preciso que os responsáveis façam um boletim de ocorrência em delegacia de polícia, que requisitará o laudo pericial do Instituto Médico Legal.

Na recusa dos responsáveis em fazer a denúncia, a hipótese de autoria, conivência ou impotência deve ser levantada, sendo então obrigatória a presença do Conselho Tutelar, assumindo o poder de tutela provisória pela vítima e o apoio às atitudes de proteção que se fizerem necessárias. Na falta do Conselho Tutelar, a Vara da Infância e Juventude deve ser acionada.

Especial importância deve ser dada às crianças e aos adolescentes portadores de deficiências, que muitas vezes têm seus sinais e sintomas do abuso ignorados por serem considerados parte do quadro da doença principal. Os portadores de deficiências físicas e ou sensoriais são de alto risco para todas as formas de violência, incluindo a sexual, pelo extremo grau de dependência a que estão submetidos em seu dia-a-dia. No caso dos deficientes mentais, a sedução pelo adulto é muito mais fácil, pois a sua idade mental, que não acompanha o desenvolvimento de seu corpo, nem sua situação hormonal, faz com que acreditem cegamente no que esse suposto responsável lhe propuser.

Todo pediatra deve estar preparado para a realização de exame físico detalhado, incluindo o ginecológico, na busca de eventuais sinais físicos, genitais ou extragenitais de violência. Nos casos mais traumáticos e em situações de descompensação emocional da vítima, o exame deverá ser feito sob sedação e/ou anestesia, com consentimento informado dos responsáveis ou do representante legal da criança. Nos casos de abuso pelos responsáveis, este consentimento deve ser dado pelo Conselho Tutelar[16].

Nos casos crônicos, infelizmente a maioria, estar-se-á diante de uma criança ou adolescente extremamente fragilizado e que poderá apresentar todos os sinais de destrutividade e auto destrutividade, frutos das sequelas emocionais do abuso. Os sinais gerais são menos drásticos, mas nem por isso menos graves. A situação familiar deve ser muito bem investigada, procurando se evidenciar, ou não, a participação de outros na manutenção do abuso, seja por impotência, conivência ou negligência.

Há que se avaliar os riscos envolvidos em cada caso e a necessidade de profilaxia para a hepatite B, proteção medicamentosa contra as DST não-virais, quimioprofilaxia para a infecção pelo vírus da imunodeficiência humana (HIV) e, para vítimas do sexo feminino em idade pro criativa, contracepção de emergência. Essa etapa do atendimento é fundamental para proteger a vítima dos danos e agravos da violência, devendo ser instituída até 72 horas após a violência sexual[16].

Todo histórico da situação do abuso e suas circunstâncias, bem como os achados do exame físico, os exames diagnósticos realizados e as terapêuticas instituídas devem ser cuidadosamente descritos e registrados em prontuário do paciente. Isso garante a proteção eventualmente necessária nos casos de interesse da Justiça e fornece dados para feitura, com base nas informações do prontuário, do "Laudo Indireto de Exame de Corpo de Delito e Conjunção Carnal"[16].

Considera-se que 15% das vítimas de violência sexual contraem algum tipo de DST, e 1 em cada 1.000 mulheres é infectada pelo HIV[29].

É importante lembrar das doenças sexualmente transmissíveis: *Neisseria gonorrhoeae, Chlamydia trachomatis, Trichomonas vaginalis, Treponema pallidum, papilomavírus* humano (HPV), vírus do herpes simples (HSV), HIV.

Uma descrição detalhada sobre o exame físico e sinais de abuso sexual serão encontrados no Manual de Segurança da Criança e do Adolescente da Sociedade Brasileira de Pediatria (SBP), bem como os tratamentos necessários, padronizados pelo Ministério da Saúde, que os disponibiliza nos centros constituídos como de referência para esse atendimento. Não farão parte do atual artigo por fugirem da extensão deste e já estarem bem documentos na publicação da SBP.

Instrumentos para proteção legal das vítimas de abuso sexual e onde eles falham...

A Constituição Federal Brasileira de 1988 coloca, no seu artigo 227, dentre suas leis maiores: "É dever da família, da sociedade e do Estado, assegurar, com absoluta prioridade, o direito à vida, à saúde, à alimentação, à educação, ao lazer, à profissionalização, à cultura, à dignidade, ao respeito, à liberdade e à convivência familiar e comunitária, além de colocá-los a salvo de toda forma de negligência, discriminação, exploração, violência, crueldade e opressão"[30].

Em 1990, a 13 de julho, foi sancionada a Lei Federal 8.069, que dispõe sobre o Estatuto da Criança e do Adolescente[31], estabelecendo seus direitos e deveres, além de fixar as responsabilidades do Estado, da sociedade e da família com o futuro das novas gerações, trazendo uma nova visão e postura frente à infância e adolescência. Traz para todos, a criança e o adolescente, como sujeitos de direito, levando em conta a condição peculiar de seres em desenvolvimento e merecedores de prioridade absoluta.

A expressão "abuso sexual" está presente nos livros de Medicina Legal e no Estatuto da Criança e do Adolescente no artigo 130[31], mas não faz parte das definições de crimes de natureza sexual do Código Penal Brasileiro[32]. Neste, os crimes de natureza sexual são qualificados como: estupro, atentado violento ao pudor, sedução, posse sexual mediante fraude, atentado ao pudor, assédio sexual, corrupção de menores, rapto violento ou mediante fraude, tendo sido retirado do Código Penal Brasileiro, neste ano, o artigo sobre o rapto consensual[32].

O estupro é definido, pelo Código Penal Brasileiro, pela penetração vaginal com uso de violência ou grave ameaça, sendo que, em menores de 14 anos, essa violência é presumida[32].

Habitualmente, as formas iniciais do abuso sexual como apresentação de violência doméstica são praticadas de forma insidiosa e progressiva, usando o agressor de várias formas de aproximações, intimidações e até ameaças, como já ressaltado, nem sempre acompanhadas de violência física.

O atentado violento ao pudor caracteriza-se pela obrigação de alguém a praticar atos libidinosos, sem penetração vaginal, utilizando violência ou grave ameaça, sendo também presumido quando em menores de 14 anos[32].

Em todos os casos de abuso sexual, é imprescindível que o médico, em especial o pediatra, esteja capacitado para o manejo clínico e psicológico das vítimas, incluindo o conhecimento da legislação específica. Isso exige que tenha sensibilidade, disponibilidade e experiência. A negligência nesses aspectos pode ser interpretada pelo paciente como novo processo de "vitimização", também pelo serviço de saúde.

No abuso sexual da criança e adolescente, o ato libidinoso é o mais frequente. Inicialmente, através de manobras de sedução e intimidação, seguidas de ameaças à própria criança ou a algum membro de sua família, comumente à mãe, o agressor obriga essa criança a praticar atos sexuais que não incluam a penetração vaginal para não caracterizar o estupro, mas sim uma série das mais variadas formas de contato sexual, constantemente incluindo sexo oral e penetração anal.

Assim diagnosticados, os poucos casos que chegam à denúncia e aos meios legais, que deveriam ser de proteção, acabam por ter laudo pericial inconclusivo ou de atos libidinosos, que não deixam marcas físicas, nem a comprovação pelos critérios atuais implícitos no Código Penal. Este define como grave as lesões essencialmente corporais, como as que resultam em incapacidade para as ocupações habituais por mais de 30 dias, em perigo de vida, perda ou debilidade de membro, sentido ou função, aceleração de parto, incapacidade para o trabalho, enfermidade incurável, deformidade permanente, aborto ou se resulta em morte[32].

Tais artigos, escritos em 1940 e, portanto, definidos com o pouco saber da época sobre as características especiais de um ser em desenvolvimento, têm sido usados como modelos nos laudos periciais do Instituto Médico Legal. Esses laudos, baseados unicamente nos achados de lesões físicas, ignoram a possibilidade de lesões emocionais, que deixarão marcas definitivas se não tratadas. Porém, eles têm sido o principal instrumento judicial de graduação das ações violentas, submetendo aos mesmos critérios tanto o adulto como as crianças e adolescentes, em todos os processos penais.

Essa sequência de avaliações incompletas das marcas físicas e emocionais, determinadas pela violência sexual a uma criança ou adolescente, demonstram as falhas nos meios legais que deveriam ser de prioridade para proteção absoluta da infância e adolescência. Não há como se avaliar, com as mesmas medidas, os danos e riscos consequentes a uma agressão contra um adulto àquelas contra uma criança ou adolescente, seja ela física, psicológica, sexual ou negligência.

Maior gravidade ainda por serem formas de maus-tratos, nas quais o agressor é o responsável ou está ligado à criança pelos laços familiares ou de dependência.

A falta ou inconclusão do ato pericial legal faz com que, em muitos casos, não se consiga a culpa do abusador e, com isso, a proteção da vítima, a qual permanece muitas vezes sob o mesmo teto e com a mesma dependência, com a violência então potencializada pela falta de punibilidade após o ato criminoso ser delatado.

Prognóstico

É preciso que se tenha sempre presente que todas as formas de abuso sexual podem levar à desestruturação evolutiva da criança ou adolescente e que o diagnóstico de que não houve penetração vaginal (caracterizando o estupro) não deve ser minimizado, ou dado a ele uma conotação mais branda do que a realidade. Tanto o abuso sexual com penetração vaginal ou anal, com ou sem penetração, ou através de outros meios de agressões ligadas à esfera sexual, são formas doentias e perversas de violência à criança e ao adolescente, que deixam marcas definitivas no seu desenvolvimento físico e emocional.

Com a evolução do incesto e com a adolescência, o agressor, com maior incidência o companheiro da mãe, padrasto ou pai, torna-se cada vez mais violento e possessivo, com medo que a sua vítima o denuncie, ou que possa perdê-la para outros, passando a interferir nos relacionamentos de sua ou seu dependente com seus pares e sociedade. Dificulta ou impede que vá à escola, frequente ambientes sociais e de lazer, que tenha amizades ou qualquer outra forma de relacionamento, escravizando-a em seus domínios.

Essa sequência vai provocar uma cascata de reações de autodefesa ou de autodestruição, na dependência da assistência e proteção oferecidas a essas vítimas.

A vulnerabilidade às sequelas do abuso sexual depende do tipo de abuso, de sua cronicidade, da idade da vítima e do relacionamento geral que tem com o agressor. Seus efeitos podem ser devastadores e perpétuos[19], não estando descrito, no entanto, nenhum sintoma psiquiátrico específico resultante do abuso sexual.

Segundo Kaplan et al., em seu capítulo "Problemas Relacionados ao Abuso ou Negligência", as crianças com menos de 3 anos de idade tendem a não produzir uma recordação verbal de traumas ou abusos passados, contudo suas experiências podem ser reproduzidas em seus jogos ou fantasias[19].

Na idade pré-escolar, a imaturidade do desenvolvimento cognitivo e a pouca percepção que as crianças têm do mundo, aliadas à dificuldade de linguagem, também dificultam a compreensão dos fatos e, em consequência, a denúncia, acompanhamento e avaliação dos casos. Na fase escolar e da adolescência, a vergonha, culpa e a sensação de desproteção ou conivência pelos outros responsáveis, somadas à incompletude da formação dos valores morais (maior ou menor, dependendo do meio familiar e dos vínculos afetivos), além da dificuldade ou impossibilidade de diálogo com pais ou responsáveis não envolvidos diretamente no abuso, tornam a denúncia um fato raro.

O abuso sexual deve ser considerado um fator predisponente a sintomas posteriores, como fobias, ansiedades e depressão, bem como envolvimento de um transtorno dissociativo de identidade, também conhecido como transtorno de personalidade múltipla com possibilidade de comportamento autodestrutivo e suicida.

Os melhores resultados no acompanhamento das vítimas de abuso sexual são esperados quando as crianças estão cognitivamente intactas, o abuso é reconhecido e interrompido em fase precoce e toda família participa do tratamento.

É esperado que todo pediatra, dentro de seu papel e dever profissional, seja capaz de atuar para a prevenção do abuso sexual, de diagnosticar o risco e levantar a suspeita precocemente, quando a situação de violência já está instalada, chegando ao diagnóstico e à denúncia em tempo hábil, para que possa garantir a integridade física e emocional da criança ou adolescente sob seus cuidados. Dessa forma, a partir do atendimento de rotina, emergencial ou de acompanhamento, ele poderá desencadear todos os meios de proteção legal e social existentes, que devem garantir, ao mínimo, o tratamento daquela criança ou adolescente, sua proteção, apoio e assistência familiar, bem como o afastamento do agressor.

A atenção continuada e especializada da saúde física e emocional da criança e/ou adolescente vítimas de abuso sexual, bem como de sua família, por equipe interdisciplinar será sempre necessária. De sua qualidade dependerá o restabelecimento da autoestima e da integridade física e psíquica das vítimas, reestruturando sua confiança nas pessoas e sua capacidade de lutar dignamente pela vida.

Além do dever ético, legal e moral, todo pediatra deve saber da importância de sua intervenção na prevenção ou interrupção do abuso sexual na infância e adolescência.

Desse olhar diferenciado, que pode enxergar detalhes e ouvir as queixas de dores não faladas, seguido do desencadeamento de todas as medidas de proteção necessárias, novos e bons caminhos poderão ser criados para essas crianças e adolescentes.

É preciso que o pediatra se conscientize, ao receber uma criança ou adolescente com alguns dos sinais apresentados, ou ao levantar a suspeita do abuso, mesmo através de poucas ou aparentemente infundadas queixas trazidas por uma criança em sofrimento, que essas vítimas de uma das formas de maus-tratos mais desestruturastes de personalidade, estão buscando nele uma esperança de que rompa o pacto do silêncio que envolve a família incestuosa e seu meio. Procuram alguém que as defendam!

Muitas dessas vítimas, se abandonadas à sua sorte, vão levar essa criança ferida dentro de si e todas as suas dores e seque-las para toda a vida.

Carência afetiva

Uma Pesquisa feita na Inglaterra pela universidade de Oxiford mostrou que um dos motivos mais predominantes na homossexualidade é a carência afetiva que falta da figura do gênero oposto que é inconscientemente reproduzido em forma de relacionamento afetivo com a pessoa do mesmo sexo.

Os estudos explicam que figuras parentais são importantes sim para estruturação e definição sexual. Isso já era afirmado pelos grandes teóricos, como Freud, Wilhelm Reich e outros. A falta da figura do pai, faz com que você direcione e transforme a mãe em objeto de desejo, ou seja, por algum lugar a psiquê vai buscar a sexualidade. Quando se diz em opção sexual, muitas vezes, é a única opção que se tem.

Pessoas homossexual, ou homoafetivos, como gostam mais de ser identificados e na verdade a busca pelo afeto do que pelo sexo, mais pelo contato físico, porque isso alivia a falta das primeiras impressões da vida. Portanto a falta deste pai não dá a oportunidade de sentir o masculino próximo do indivíduo.

As referências masculina e feminina são importantes na criação das crianças, principalmente porque são diferentes. A homossexualidade é uma opção sexual que pode ter originado por aversão ao sexo oposto, identificação com mesmo sexo ou medo de enfrentar as diferenças num relacionamento.

Segundo a pesquisa nada tem uma fórmula pronta, mas é na terapia que o indivíduo será capaz de vivenciar suas dificuldades e aprender a superá-las em busca de respostas para seu crescimento pessoal, emocional e comportamental.

Podemos ver que a pessoa sofre pela forma como ela pensa sobre ela. É preciso saber que pensamentos são esses e que crenças ela traz consigo gerando conflitos e sofrimentos. Para trilhar este caminho será necessário o autodescobrimento.

Estes conflitos são constantes e as pessoas com está carência emocional acabam sentindo que tem algo errado com elas. As identificações com a ausência de uma figura materna ou paterna podem influenciar no modo como você lidara com a vida. Muito mais com o seu funcionamento emocional. O que quero dizer e que o modo como lidamos com os relacionamos, como lidamos com a vida e os problemas podem levar em consideração a ausência ou a presença de alguém que não tem muito a ver com o desejo sexual em si.

A questão é que atribuir a figura materna e feminina a imagem de segurança e auto suficiência é uma forma de escape e defesa ao mesmo tempo e está questão é muito mais profunda do que realmente aparenta.

Na Pesquisa a maioria das narrativas das pessoas que foram entrevistadas procuram um motivo que justifique a sua orientação sexual, isto só acontece devido a desarmonia emocional referente a esta orientação sexual por questões de não aceitação social e cultural.

Deste modo entende-se que parte da concepção de comportamentos de apego, proposta por Bowlby (1969, 1973, 1980). Tais comportamentos compõem um sistema motivacional, objetivando a manutenção da proximidade e do apoio de figuras de apego.

Estas promovem e mantêm uma base de segurança e de "porto seguro" em qualquer situação ameaçadora para o indivíduo. A experiência dessa "base" favorecida (ou não) pelas figuras de apego constituirá, a partir do período das representações simbólicas, a estrutura de conhecimento sobre os sinais emitidos pelas pessoas que indicam possibilidade ou impossibilidade de formar ou manter o apego.

Essa assimilação acionaria ou inibiria a apresentação de comportamentos a fim de manter a homeostase do sistema relacional entre o indivíduo e sua(s) figura(s) de apego. A princípio, essas figuras são os pais ou seus substitutos; na adolescência e nas fases posteriores, os amigos e parceiros amorosos podem vir a representar figuras primárias de apego na ausência definitiva dos pais ou substitutos.

E na vida adulta que este apego pode se confundir com a sua escolha sexual que na verdade nada tem a ver com homossexualismo mais sim com uma baixa estima e sentimento de frustação e abandono e este abandono pode ter vindo pelo pai ou a mãe. Mas também pode acontecer por um relacionamento amoroso anterior que pode ter causado um trauma do sofrimento vivido e podendo gerar uma resistência em se envolver novamente com o símbolo de sua frustação no caso um homem, logo a mulher escolhe outra mulher como forma de se defender de novas frustrações, e isto normalmente acontece de forma inconsciente.

Conclusão

Diante dos temas acima descritos concluo que existe muitas causas que podem fazer com que o indivíduo se torne homossexual e o que percebo e que o ponto mais comitente no desenvolvimento desta opção sexual se dá nas relações entre a família, no caso a princípio Pai Mãe e bebê.

É perceptível que quando entramos no assunto Homossexualismo sempre vamos esbarrar nas questões da construção da psique e seu modo de condução e de posicionamento frente a responsabilidade que um pai e uma mãe no desenvolvimento de seus filhos.

Deste modo entendemos que tudo começa no seio familiar e suas interações, é muito claro que devido as constantes mutações familiares muitos processos de maturação do individuo começa a falhar devido as grandes lacunas que vão se formando em meios tantas subjetivações que perdem a sua função no legado de formar um individuo bem resolvido nas suas questões mais traumáticas desde a infância que seria o enfrentamento e descoberta de sua sexualidade.

E é sem dúvida que independente da função bem executado do édipo no trio pai, mãe e bebê sempre haverá um conflito quando se fala de sexualidade, mas também é importante citar que os conflitos também fazem parte da maturação humana, este conflito só não será saudável quando por algum motivo as fases de identificações, gerar neste indivíduo angustias existenciais e vazios constantes, que implicará principalmente no seu modo de se relacionar emocionalmente e sexualmente consigo mesmo e com o outro gerando uma disfunção psicossexual.

O erotismo e a sexualidade são duas forças propulsoras das ações humanas. Para nos certificarmos disso, basta olhar em volta e contabilizar o quanto a propaganda busca associar os produtos mais variados a apelos eróticos e sexuais. Os impulsos eróticos naturais frequentemente são desviados de seu objeto e transpostos para produtos ou serviços, conferindo a estes um poder de atração que, de outra forma, não teriam.

A sociedade contemporânea, com algumas exceções, por força do uso do apelo erótico para diversas finalidades, banalizou o sexo e a sexualidade, tornandoos um lugar comum nos meios de comunicação e dando a todos a sensação de vivermos em um meio altamente erotizado, em que a vivência sexual das pessoas se passa de forma livre e ausente de problemas.

Esta impressão de uma sexualidade livre e sadia generalizada é certamente enganosa. Sabe-se que um percentual muito alto de pessoas convive com problemas em sua vida. A distorção entre a imagem e a realidade deve-se ao fato de a sexualidade ser um ponto de encontro entre o natural, o cultural e o social.

O natural na sexualidade é o próprio processo de maturação sexual, redesenhando e redefinindo o corpo humano e transformando a criança em jovem, um ser pronto e desejante de atividade sexual. O cultural chega pelas muitas conotações de um sexo livre e aberto atribuindo-lhe um caráter positivo a todas as formas de sexo independente se for homem ou mulher e sabemos que isto é uma desinformação do senso comum, repetindo equívocos variados.

O social é representado pelo fato de a atividade sexual ser o portal da vida adulta, trazendo a possibilidade da paternidade e da maternidade e do prazer sem censuras. Na verdade, este trançado delicado, que chamamos de sexualidade, no qual cada elemento necessita estar no seu lugar, só pode ser tecido se o indivíduo tiver acesso a informações seguras e abundantes lhe trazendo uma consciência que nem tudo que é prazeroso está ligado a uma forma saudável de explorar seu corpo.

O que está em discussão é que muitos pais e adolescentes não se sentem à vontade para falar sobre o assunto, o que implica que muitos adolescentes se iniciem sexualmente cheios de dúvidas, inseguranças e questões mal resolvidas e até 'mesmo influencias que poderá causar uma visão distorcida da própria sexualidade.

A constante enfatização do sexo a qualquer preço é fonte de diversos problemas sociais e individuais.

Socialmente, podemos assinalar que o alarmante aumento da gravidez na adolescência e a alta incidência de doenças sexualmente transmissíveis estão, 2 diretamente, relacionados diretamente nesta vitrine da sexualidade comercializada o tempo para os jovens nas redes de comunicação. A tensão decorrente de uma atitude competitiva, que se transforma numa espécie de "disputa sexual", pode ser o estopim para o surgimento de problemas psíquicos na nossa sociedade contemporânea.

O objetivo da mídia é mostrar que a vivência de uma vida sexual bem resolvida, que libera tensões, traz prazer e nos permite viver uma vida com mais qualidade no seu dia-a-dia, mas que na verdade está libertinagem vem acompanhada de vários problemas posteriores que afeta de forma direta a vida emocional de nossos jovens.

Não é exagero dizer que uma pessoa terá mais vantagem na vida se vier de um lar amoroso e que a apoia. Muitas pessoas obtêm sucesso apesar de virem de situações familiares que não são as ideais, mas ter nossas necessidades básicas supridas, saber que nossos pais nos amam e aprender as lições da vida em casa tornam os desafios do viver diário muito mais fáceis de enfrentar. Provavelmente, como adulto você deseje um lar feliz para sua família.

Isso não é coincidência. Deus organizou-nos em famílias para que pudéssemos crescer com alegria e segurança e para que pudéssemos aprender a amar as outras pessoas de maneira altruísta — a chave para a verdadeira alegria. A família é o melhor lugar para aprendermos a amar um ao outro da forma que o Pai Celestial ama cada um de nós.

A Igreja de Deus existe para ajudar as famílias a obter bênçãos eternas. Cremos que a maior bênção que Ele nos dá é a capacidade de voltar a viver com Ele no céu junto com nossa família. Seguimos a vontade de nosso Pai Celestial, pois é assim que ganharemos essa bênção.

Todos Nós Fazemos Parte da Família de Deus

Quando chamamos um membro da Igreja de "Irmão" Silva ou "Irmã" Gomes, é isso que realmente queremos dizer. Cremos que cada um de nós — inclusive aqueles que não são membros de nossa Igreja — é filho ou filha literal de nosso Pai Celestial (Hebreus 12:9) e, portanto, nossos irmãos celestiais. Nosso Pai Celestial nos amou e ensinou como parte de uma família eterna antes de virmos para a Terra. Então, compartilhamos um laço que transcende essa vida. Pense a respeito: se você realmente pensasse em seu vizinho ou colega de trabalho como seu irmão ou sua irmã, iria tratá-lo(a) de forma diferente? Na mesma linha de pensamento, saber que sua família na Terra tem importância eterna pode ajudá-lo a tratá-los melhor também.

As Famílias Vêm em Primeiro Lugar

Talvez tenhamos tido a sorte de ter sido criados por uma família feliz e segura, com pais que nos amam. Talvez não; e crescer tenha sido difícil sem o amor e o apoio de que tanto precisávamos. Provavelmente, como adulto você deseje um lar feliz para sua família. Viver em paz na família nem sempre é fácil, mas na Igreja restaurada de Deus, o casamento e a família são considerados a unidade social mais importante agora e na eternidade.

As pessoas que passaram por um desastre nunca dizem: "Durante o terremoto só conseguia pensar em minha conta bancária". Quase sempre eles dizem: "Só conseguia pensar em minha esposa e meus filhos". Não é necessário que aconteça um desastre para que saibamos dessa verdade. Mas, frequentemente, deixamos que a busca de dinheiro, prazer ou até mesmo as necessidades de pessoas que não são da nossa família desviem nossa atenção. Na Igreja de Jesus Cristo dos Santos dos Últimos Dias, a família vem em primeiro lugar.

As Chaves Para Ter uma Família Feliz na Terra

A felicidade em nossa família provavelmente será alcançada de uma maneira melhor se alicerçada nos ensinamentos de Jesus. Isso significa ser altruísta, honesto, leal, bondoso e ter muitas outras virtudes, sem mencionar esforço constante. Uma família afetuosa e feliz não acontece por acaso.

Pense em sua própria família. Houve tempos felizes e outros não. Quais foram os momentos mais felizes? Provavelmente foram aqueles em que nos sentimos amados. Quando nosso pai chorou porque estávamos doentes. Quando vimos nossos pais sorrir ou rir e podíamos perceber o quanto se amavam. Quando minha irmã vibrou quando marquei um gol, ou vice-versa. Quando quebrei a janela e meus pais me perdoaram em vez de gritar comigo. Quando o carro deslizou na estrada durante uma tempestade e a família teve que caminhar vários quilômetros para pedir ajuda. Demos as mãos e cantamos para fazer o tempo passar mais depressa. Nossa família uniu-se para tirar da lama alguém que estava atolado. Minha família torceu por mim no show da escola mesmo que eu apenas montasse e desmontasse o cenário. Talvez nossa família orasse, cantasse ou frequentasse a Igreja junta. Podemos recriar esses tempos felizes hoje com nossa própria família, em nosso casamento. Se nossa família não teve muitos momentos felizes quando éramos jovens, então vamos agir de forma diferente agora.

As Famílias Nos Preparam Para a Vida Eterna

Pense nos papéis que desempenhamos ou vamos desempenhar em nossa família e em todas as responsabilidades inerentes a cada um deles. Pai ou mãe, cônjuge, irmão ou irmã — mesmo os filhos pequenos têm muito a fazer. O esforço que fazemos para fortalecer nossa família é o trabalho mais árduo e significativo que faremos na Terra. Manter a paz no lar e colocar as necessidades dos outros em primeiro lugar exercem um poder purificador em nós e não é coincidência que essas coisas possam ser fatigantes, às vezes. Deus desejava que fôssemos testados para que pudéssemos crescer e melhorar nossas habilidades, o que não poderíamos aprender de outra maneira — habilidades como paciência e altruísmo que nos ajudarão a tornar-nos mais como Deus e preparar-nos para viver com nossa família na eternidade.

Não devemos ficar desanimados. Por mais que tentemos, nosso casamento e lar não serão perfeitos. Se edificarmos nosso casamento e nossa família nos princípios de Cristo, inclusive fé, oração, arrependimento, perdão, respeito, amor, compaixão, trabalho e diversão saudável, o lar pode ser um lugar de refúgio, paz e imensa alegria.

Sobre o Autor:

Magna Aguilar tem 35 anos Casada a 12 anos, Mãe de três filhos, Cristã. Aos 26 anos entrou na Universidade Católica Pontifícia de Minas Gerais, e Fundou a Instituição Centro de apoio acolher que desenvolve crianças e adolescentes em situação de vulnerabilidade social em Belo Horizonte Minas Gerais. Se dedica desde de 2014 a estudos referente ao desenvolvimento humano e das políticas públicas. O livro Ninguém nasce homossexual torna -se é uma de suas primeiras obras como escritora, também autora do livro Adolescência a fase do abandono, é umas grandes pesquisadoras das causas que motivam a violência na adolescência.

Referência bibliográficas:

"Como se produz um homossexual? : a origem da homossexualidade na percepção de indivíduos que alegaram ter mudado de identidade sexual (bvsalud.org)

BEAUVOIR, S. (1949). *O Segundo Sexo* (Vol.2). Rio de Janeiro: Nova Fronteira, 1980.

BUTLER, J. (1990). *Problemas de gênero: feminismo e subversão da identidade.*

Rio de Janeiro, RJ: Civilização Brasileira, 2015.

BUTLER, J. (2016) Entrevista concedida à revista *CULT*, Ano 19, n.6, p. 49.

FIORINI, G. L. (2014). Repensando o complexo de Édipo. *Rev. Brasileira*

   de Psicanálise. 48(4), 47-55.

DOLAN, X. (Diretor) (2012). *Laurence anyways.* [Filme franco-canadense] Montreal: Studio Q.

FREUD, S. (1898). A sexualidade na etiologia das neuroses. *Ed. Standard Brasileira*

   das Obras Completas de Sigmund Freud. Vol. 3. Rio de Janeiro, RJ: Imago, 1976.

FREUD, S. (1905). Três ensaios sobre a teoria da sexualidade. *Ed. Standard*

JUNG, C. G. Memórias, Sonhos e Reflexões. Ed. Nova Fronteira, Rio de Janeiro, 2016.